关秀娟 著

再见！焦虑症

焦虑症患者的内心世界及疗愈

Goodbye
Anxiety

图书在版编目（CIP）数据

再见！焦虑症：焦虑症患者的内心世界及疗愈 / 关秀娟著. --
北京：华夏出版社有限公司，2020.2
ISBN 978-7-5080-9671-1

Ⅰ. ①再… Ⅱ. ①关… Ⅲ. ①焦虑 – 心理调节 – 通俗读物
Ⅳ. ① B842.6-49

中国版本图书馆 CIP 数据核字（2019）第 297482 号

版权合同登记号 图字：01-2019-6777 号

中文简体字版 ©2018 年，由北京乐律文化有限公司出版。
本书由经济日报出版社正式授权，经由凯琳版权代理，由北京乐律文化有限公司出版中文简体字版本。非经书面同意，不得以任何形式任意重制、转载。

再见！焦虑症：焦虑症患者的内心世界及疗愈

作　　者	关秀娟
责任编辑	陈　迪
出版发行	华夏出版社有限公司
经　　销	新华书店
印　　装	天津旭非印刷有限公司
版　　次	2020 年 2 月北京第 1 版 2020 年 2 月北京第 1 次印刷
开　　本	880×1230　1/32
印　　张	7
字　　数	101 千字
定　　价	49.80 元

华夏出版社有限公司　网址：www.hxph.com.cn　地址：北京市东直门外香河园北里 4 号　邮编：100028
若发现本版图书有印装质量问题，请与我社营销中心联系调换。电话：（010）64663331（转）

序

有一位太太致电我的诊所询问催眠治疗的数据。

她说:"我的儿子今年二十岁,他近来很不开心,吃了药也没改善。他说想试试催眠治疗,我听后实在很担心。"

我好奇地问:"为什么?"

她说:"我是一位宗教人士,我怕催眠会令我儿子失去思想和灵魂,引致邪灵入体……"

听罢,我感到有些莫名其妙,为何她会把催眠和邪灵入体两样没有关联的事扯到一起?很明显她不了解催眠治疗。其实,催眠治疗跟灵界和宗教完全没有关系!而我已不是第一次听到这样的说法。

在过往二十年的心理治疗工作中，我发现很多人对临床心理学（Clinical Psychology）都有不少误解。例如，以为临床心理学家是社工，以为精神科医生就是心理学家，以为心理治疗都是以闲聊或劝导方式进行，以为心理治疗等同于辅导，以为严重的精神病要吃药，轻度的才接受心理治疗。有些人更以为催眠会勾走人的独立思想，以致令人失去灵魂，甚至可以带人去第五度空间……很多很多我从未想过的奇怪说法。为什么有人这样认为呢？是不是因为心理学太抽象，令人难以想象及理解？或者临床心理学在国内的影响不够深远，因而不为大众认识？又或者在影视作品中出现的临床心理学家或有关心理学的题材，大都是荒诞、恐怖的，所以令人联想到心理治疗是危险的？

其实，心理学早见于埃及、希腊、印度和我国等地，属于哲学范畴，起初名为哲学心理学。而心理学于1874年才独立成科。虽然至今已有一百多年的发展史，但大部分人对心理学或心理治疗仍存有很多误解。因此，除了在诊所进行治疗，我希望将临床心理学及临床心理治疗带出诊所，让更多人认识临床心理学，而写书就是一个最好的方法。

在这十多年中，我撰写了四本小书，这一本是第五本，期望借此让大众对精神健康、临床心理学家的工作及心理治疗有更清晰的理解，从而消除误解，让大众"了解愈多，恐惧愈少"，这就是我写作的原动力！

注册临床心理学家　关秀娟

目录

P.1　　咕噜的焦虑

P.7　　治疗焦虑症，由了解开始

P.15　精神病学中的大家族：焦虑家族

P.19　　红苹果先生

"无论去到哪里，我总觉得头上好似有一盏聚光灯，所有人的目光都放在我身上，注视着我，令我十分紧张！"

P.53　　生活在盒子里的少女

"我感到很局促……呼吸有点困难……很想下车。车即将驶入隧道，如果被困在隧道里怎么办呢？到时我又不能下车……越来越局促，我呼吸便更不顺畅……"

P.85　　快乐无忧的太太

"医生，医生……我突然感到呼吸不顺畅，全身也不舒服，我很怕，真是很怕，我会不会死？"

P.103 不容自己有失的妈妈

"飞机在飞行途中是否会有意外发生？十多年机龄，会不会有危险？假如有意外，那么我的家人由谁照顾？我的工作由谁处理呢？我什么也没安排好！"

P.129 害羞的女强人

"我喜欢他，但又害怕跟他单独约会。因为我跟他相处时总觉得不自然。我觉得他一定认为我很"木讷""闷"……我相信在他眼中我不及其他女士那么吸引人。"

P.155  迷失了的年轻人

"我很怕坐过山车。当我坐上过山车，放下安全栏后，便感到胃部有东西压着，很想呕吐，但又怕被朋友取笑。真不知如何是好。"

P.169  终日与厕所为伴的丈夫

"不是不想外出旅行，但是……真是很怕在途中找不到洗手间。唉，我的担忧又有多少人会明白呢？"

P.189 不能享受食物的女士

"对很多人来说，能吃到自己喜欢的食物是一件快乐的事。但对我来说完全相反。一提起吃，我就焦虑万分……"

P.211 后记：我的焦虑

咕噜的焦虑

大家好,我先跟大家介绍一位很有趣的朋友,大家可能已认识他,他就是迪斯尼世界"咕噜家族"①中的咕噜。或许,大家感到有点奇怪,为什么我在这本心理学的书籍中谈及咕噜呢?大家先看一看他的故事吧!

---

① "咕噜家族"指迪斯尼动画片《疯狂原始人》中的人物。为尊重原著,此处人物均采用香港译法。

咕噜一家六口,包括一家之主咕噜、咕噜的太太娥姐、大女儿伊波、二儿子坦克、小女儿珊蒂和咕噜的岳母可人。他们多年来隐居在深山的洞穴里,只有觅食的时候才会走出山洞,之后便会赶快跑回山洞去。他们只敢在山洞附近活动,正因为这样,他们从未见识过外面的世界,亦不曾与别人接触。

他们为什么会这样?

因为咕噜深信洞穴外面实在太危险,到处都有陷阱和猛兽,为了保护一家人的安全,无论去哪里或做什么事情,咕噜都要让一家人走在一起,并在他的视线范围内活动。假如不是这样,他便会焦虑不安。

有一次,伊波出于好奇,在晚上偷偷地走出洞穴,爬到树上想看看天空。咕噜知道后十分慌张,立即到处找伊波,找到她后,便赶快带她回到洞穴中。

除此之外，为了确保生活安稳，咕噜一家的生活模式天天如是：清早，他们一家出外觅食，之后在山洞附近集体活动，至太阳下山前返回洞穴。接着，他们一起围坐听"猛兽如何吃掉人类"的故事，听罢便稍稍清理一下身上的尘埃，然后拥在一起睡觉。对咕噜来说：

> 不变 = 预计之内 = 可以掌控 = 安全
>
> 新事物或转变 = 预计之外 = 不可以掌控 = 危险

咕噜经常处于警戒状态，害怕接触新事物。可是，某一天发生地震，那个保护其一家的安乐窝倒塌了！咕噜唯有慌忙带着一家往外逃。其间，他们接触到不同的事物，例如遇见各种绚烂的植物和奇珍异兽等。对他们，尤其是对咕噜来说，仿如置身异域。

起初，他们显得惊慌失措，后来凭着勇气，他们很快便结识到一帮动物朋友。最重要的是，通过真实的相处、生活体验和对环境做实地考察，他们终于发现这个世界不像想象中那么危险和恐怖；而且，还充满着乐趣和善意的朋友。渐渐地，他们把过往不合情理的想法纠正过来，咕噜面对这个世界也不再感到焦虑。之后，他们一家人开开心心地过着新生活……看到这里，我相信大家都知道了咕噜的问题及他是如何消除多年焦虑的。

我相信世界上有很多人都跟咕噜一样，经常焦虑和担忧这些那些，但只要积极面对，配合恰当的治疗方法，便可处理。就像咕噜那样，患上焦虑症隐居多年，最终也可以完全康复，过着幸福快乐的日子。所以，焦虑症是没什么可怕的！

接下来，我希望让大家认识一个"焦虑家族"和其成员，透过他们的分享，了解焦虑症的由来和处理方法。从中，大家会发现处理焦虑症并不是想象中那么困难。而且，如果你患有焦虑症，你会发现自己绝不孤单，因为社会上有很多人也有类似的问题。所以，当你阅读完焦虑家族成员的故事，会更有信心走出焦虑症的阴霾。

在分享他们的故事之前，让我们先弄清一些概念。

治疗焦虑症，由了解开始

从事临床心理学工作已有十多年，看到很多人生活急速又紧张，也接触过很多人像咕噜一样，受着焦虑症（Anxiety Disorders）的影响。虽然焦虑症是一种很普遍的轻性精神病，但并不为太多人所认识；而在我进行心理

治疗时,更发现大部分病人对焦虑症有很多误解,如以为这是一种先天不治之症,自己要与药物终身为伴等。

坦白说,身为临床心理学家,绝不希望见到有人因不了解焦虑症而衍生大堆误解及猜测,以致愈想愈惊愈焦虑,并把原本简单的病情弄得更复杂、更严重。所以,"明白""了解"是处理焦虑症的第一步。

什么是"焦虑"?

认知疗法(Cognitive Therapy)的创始人阿伦·贝克(Aaron T. Beck)对焦虑症有多年研究,他指出,焦虑是一个人与生俱来的情绪反应,与喜悦、哀伤等都同样属于情绪。所以,有惊慌或忧虑是很正常的,既不是一种病态,对人也没有害处。

这么一说,你可能觉得有点奇怪,因为一直以来,大部分人都觉得"怕""焦虑"等都不是好事。其实,一点也不奇怪。试想,为什么我们不会在深夜选一条可以省很多时间却人迹罕至的后巷回家？答案只有一个，就是我们"怕"有意外发生。为了人身安全，我们会选择一条较安全的路回家。由此可见，焦虑在一定程度上有助于我们意识危机，从而提高警觉，再做出相对反应，以避不测。又例如，我们担心下个月的学期评测，便会做好温习计划，让自己做足准备。所以，焦虑也是护身符，令我们在某些事情上做好准备，并且在日常生活中不会做出一些超过我们能力范围的事。

什么是"症"？

如上文所述，焦虑对每个人都有积极作用，但过分和不合理的焦虑或担忧会产生问题。到底在什么情况下，我们的焦虑才算过多或不合理呢？还有，在什么情况下才算患上焦虑"症"了呢？

当病人来见临床心理学家时，我们当然会以评估的方法和诊断的准则来评估病人是否有精神病学上的焦虑症及其严重程度。但是，一个没有受过临床心理学或相关训练的人，如何知道自己有焦虑症的问题需要寻求帮助呢？在此，我给大家一个简单的准则，就是当你感到焦虑已影响到日常生活时，那你已经过分焦虑，要注意了。就以考试为例，如果担心考试表现欠佳以致彻夜难眠，甚至出现胃痛、腹泻、肌肉绷紧、不能集中精神等现象，此时焦虑不但不能产生推动力，反而会严重影响应有的表现，这便是问题。又例如，担心人身安全而不敢上街，如此不合理的焦虑不但不能产生防御作用，而且会影响日常生活。

所以，简单来说，精神病学中所指的焦虑症表现为人在某些场合、环境或对某些事物已出现过多或不合理的焦虑，而焦虑的程度足以影响日常生活的运作和个人情绪。比如焦虑症中的社交恐惧症，就是在与人相处和交往上出现过多焦虑，令自己不能在社交场合与其他人保持基本的交往或沟通，甚至设法逃避出席所有聚会。

时至今日，还未有研究报告指出各种精神病的成因。一般来说，精神病的产生通常跟几方面有关，包括性格、遗传/先天因素及环境。我相信大家都明白前两项，故不用多说，至于环境因素，就是指家庭/成长背景、父母及身边人的影响、童年遭遇、人际关系、人生经历、生活模式等。

什么是心理治疗？

说到治疗焦虑症，有很多方法，临床心理学家采用心理治疗，多年来成效卓越，相关分享见于很多心理学的学术期刊。无他，"身""心"紧扣，心理健康自会带动身体健康。可惜，太多人并不认识心理治疗，误以为心理治疗等同于辅导，又以为心理治疗就是聊聊天，对困扰了他们多年的精神状况改变不了什么，最终用了不当的方法处理问题，甚或拖延治疗令病情恶化。

其实，心理治疗跟辅导不尽相同。简单来说，辅导（Counseling）主要解决眼前的问题。例如，一个学生跟同学相处不开心，于是寻求辅导。辅导员会建议学生用一些方法去改善他与同学的关系。在此过程中，辅导员不会深究学生是否有潜藏的心理原因，而是主要针对他目前的问题来提出建议。

至于心理治疗（Psychotherapy），是处理较严重的心理和情绪问题。例如，抑郁症、焦虑症、创伤后压力症、童年阴影、人格障碍等。在整个过程中，临床心理学家首先透过心理评估（Psychological Assessment）找出导致病人患上精神病症的隐性原因。所以，临床心理学家的工作就像神探福尔摩斯查案，要寻根究底，找出问题背后的原因，以求对症治疗。所以，有人说临床心理学家是精神病学的福尔摩斯。

当临床心理学家了解病人的问题之后，跟着会帮助病人进行心理治疗，其中包括帮助病人了解其心理状况和问题成因，并且帮助他们处理眼前和深层次的问题。不单医治其精神病症，还关注引致精神问题的隐性心理原因。整个疗程也是病人的成长历程。在进行心理评估及心理治疗时，需要心理学理论为依据；而在建立与病人的互信关系上，心理治疗比辅导需要更多技巧。

临床心理学家的工作是怎样的?

很多人都不太了解临床心理学家及其工作,临床心理学家英文是Clinical Psychologist,有病人喜欢称呼为心理医生。至于工作性质,部分人只从电视剧或电影中得到一些概念。他们会想到治疗的情景是病人躺在一张长椅上,旁边的临床心理学家跟病人谈论梦境或潜意识那些东西。又有些人会想到临床心理学家在病人面前摆动怀表,令病人进入被催眠的状态,然后讲出潜藏心底、不为人知的秘密。亦有些人觉得，我们的工作就只是跟病人聊天，让他们吐吐苦水。其实，我们的工作不只是这样的。

临床心理学家的工作，大部分时间都是提供心理评估和心理治疗，有时也提供辅导。除此之外，临床心理学家也会帮助病人做智能评估（评估他们的能力以安排恰当的服务，如入读特殊学校）、监管权评估（即父母离婚后，评估由哪一方拥有孩子的监护权），也会处理法庭转交的个案（评估犯罪嫌疑人是否有精神或心理问题，以便法官审理案件）、做专家证人（为一些个案在法庭上提供专业意见）、提供大众教育及小组治疗等。

精神病学中的大家族：
焦虑家族

上几个世纪，提起精神病，大家便会很惊慌，因为有些人视发疯为神灵显现，亦有些人认为所谓精神病是鬼上身，抑或患者遭上天惩罚。不论想法如何，当时的人往往用铁链锁住精神病患者，然后关在疯人塔，施以酷刑，甚至把他们活活烧死。后来，随着社会进步，大家对精神病有了更多了解，那些施酷刑或关疯人塔等做法已成过去。然而，今天当大家在街上看到一个喃喃自语的人时，我相信仍有很多人会感到有点惊慌，因为"精神病"往往令人产生"失控""暴力""发狂"等负面联想。

其实，大家不要被"精神病"这三个字吓倒。精神病只是一个统称，好像身体疾病一样，身体疾病是指身体出现问题，而精神病是指精神上出现问题。在精神病学中，包括很多不同的精神病症，例如抑郁症、焦虑症、强迫症、躁郁症、创伤后压力症、饮食失调症、睡眠问题症、人格障碍、自闭症、过度活跃症、精神分裂症等。由轻微的精神病（如焦虑症）到严重的精神病（如精神分裂症），精神病类型有几百种之多，大部分可通过恰当的治疗完全康复。

而焦虑症是精神病学中的一个大家族，焦虑症只是一个统称，它包括多种焦虑症。根据《精神障碍诊断与统计手册（第五版）》（*Diagnostic and Statistical Manual of Mental Disorders – Fifth Edition*），焦虑症包括分离焦虑症、选择性失语症、特定性畏惧症（如怕动物、怕血、怕见医生、怕受伤等）、社交恐惧症、惊恐症、幽闭恐惧症/畏旷症、广泛性焦虑症等。看看下表，大家便会一目了然。

相对来说，所有焦虑症都是较轻的精神病，配合恰当的治疗是可以完全治愈的。为了让大家进一步了解焦虑

精神病学中的大家族：焦虑家族 17

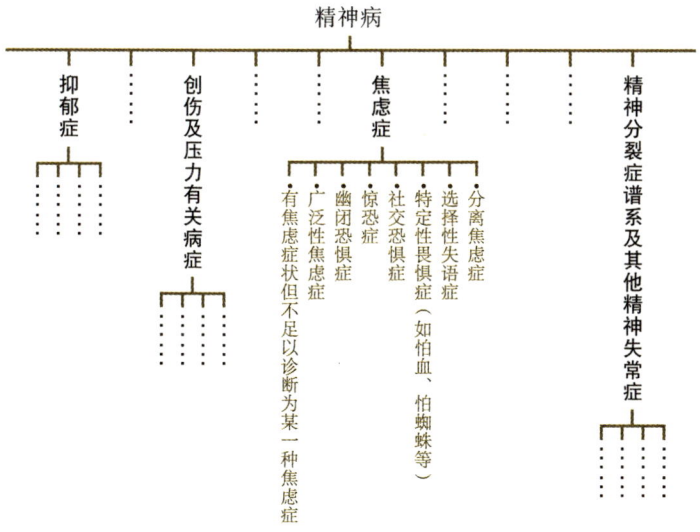

症，接着会为大家介绍一些焦虑症患者，并从他们的故事中，让大家了解他们是如何从焦虑症中走出来，重过健康快乐的生活的。

红苹果先生

> 无论去到哪里,我总觉得头上好似有一盏聚光灯,所有人的目光都放在我身上,注视着我,令我十分紧张!

今天是星期三,天气晴朗。但是,我的心情却刚好相反——乌云密布。为什么?因为,今天又是公司开例会的日子。一早起床,我的心怦怦地跳,心里又怯又慌,整个人都浑身不自在。

"唉!慌什么呢?已经出席这个会议无数次了,每次都是简简单单地报告几句小组工作进度罢了,有什么值得紧张的!"站在洗手盆前,对着镜子,我不停地安慰自

己。虽然理智上我懂得这样安抚自己,但我的心仍然跳得很厉害,愈想平静下来,就愈觉紧张。

我在衣柜中左挑右选,希望配搭一套较光鲜的衣服上班,令自己看起来"醒目"一些。但花了半天也找不到一套好看的衣服!因为无论我穿什么,对着镜子左看右看,总觉得自己穿什么都不好看,不够精神。

"唉,算了吧!穿什么也不觉得大方得体。越刻意,越不自然。算了吧!"时间已不早了,最后我只好穿回那些惯常的上班服,拿着公文包匆匆忙忙出门上班,连早餐也没有胃口吃。

登上巴士后,我一直看着沿途的街景,希望分散自己的注意力,不去想会议的事,也不去留意自己的心跳声。这种方法可令自己平静下来,但只是短暂的,脑海中很快又出现开会时的画面。于是,紧张的心情从平静中又被掀动起来,反反复复。

"假如,我的工作不需要出席任何会议的话,那就好了……我每天都可以很轻松、很舒服地上班,又不需要跟其他同事、上级打交道,只处理好自己的工作就可以……"我又沉醉于自己的白日梦中,自我陶醉一番。

我不喜欢出席公司的会议是因为每次开会的时候,我都会很紧张和不自在。如果要我像观众般埋没在人堆中,只是安坐在座位上听同事汇报,我是绝对没有问题的。可是,每次开会,我都要代表工作小组汇报工作进度。真不喜欢在那种环境中说话。因为当我说话的时候,我感觉所有人、数十双眼睛都在注视着我,还有他们那些好像对汇报不感兴趣的表情、厌烦的眼神,仿佛在告诉我:"你的汇报没有意义,快些说完吧!"那种场面很恐怖,很有压迫感。而我怕自己表达不好,又怕自己的意见或报告令人觉得很沉闷,所以每次开会都感到有很大压力。

30分钟的车程,感觉比往日过得快很多,不知不觉巴士已到达公司附近。走进公司,我整个人显得更加紧张,坐立不安。到茶水间冲茶的时候,我看到自己双手在抖,感到心也跳得异常的快,脸和脖子也开始烫起来。

"糟糕,不是又来了吧(脸红)?!要冷静点,没事的。要表现得自然一点……"我又帮自己做了一轮思想工作,希望令自己镇定下来。

看着墙上的挂钟,时间一分一秒地过去,愈接近开会时间就愈紧张,一张脸越来越热,手脚却很冰冷,身体正在发抖,我心想:"千万不要让其他同事发现我害怕开会的毛病,很丢脸的!"

为了掩饰自己的焦虑,我借故伸懒腰或把手插入裤袋,故作自然,装作满不在乎的样子,令别人看不到我的手或身体正在发抖。

8点50分,同事拿着文件准备到会议室开会……

在去会议室的走廊上,我遇到一位同事,故作轻松地跟他闲聊起来:"早晨,每逢星期三都要开这些会,闷得很。我们这些小人物都是干坐的,唉……"

"你说得对,但总比盯着计算机工作好!无须动脑,只是坐着就过了一个早上,接着是午饭时间,哈哈……"同事轻松地响应。

"是的,吃完午饭后,一会儿又是休息时间,哈哈……"我刻意笑得大声一点,以展现我很轻松,对会议满不在乎的样子。

我主动跟同事闲谈起来,一方面希望令自己自然一些,另一方面更希望通过同事的回应说服自己——"这个会议没什么大不了的"——缓和一下自己紧张的情绪。这一招有些作用,但也是短暂的。

9点整,会议开始……

大老板、各部门的经理和主任陆续进入会议室。我们一班组长坐在第二排。首先，大老板简述这次会议的议程，接着每个经理及主任轮流汇报部门的事宜。每个人都好像很留心地听着。我虽然望着他们，但脑海一片空白，非常紧张，完全听不到他们汇报的内容，只听到自己的心怦怦地跳。我感到手很冰冷，人也在抖，脑子里只想着："一、二、三、四……还有六个就轮到我。"

终于轮到我了……

"我……我们的小……小组在二月份已完成了……"我战战兢兢地说着，声音有些颤抖。我一面报告，一面感到所有人的眼睛都注视着我，我脸上开始烫起来，整个人很不自然。

"冷静些，不要脸红，千万不要脸红！"内心不停地叫自己冷静，但越叫心就跳得越快，喉咙的肌肉好像拉得更紧，声音也抖起来了。脑海中立刻出现一个画面：自己站在舞台上，周边漆黑一片，只有一盏射灯照在我头上。

在汇报的过程中，我看见有些人打呵欠、有些人好像一脸不耐烦或露出蔑视的神情、有些人在看手机……看着他们，我在想："我报告的内容都是些不重要的东西，都不是大老板、经理及主任想听的东西。在你们眼中都是些无用的资料，你们根本不放在眼里……快些讲完算了……"

最后，我也不知道自己说了些什么，在脑海一片空白的情况下完成了自己的报告。

"这次又表现得很差劲，表达得不清楚，我深信他们一定也有同感。我真是很没用……唉，真失败！"我心里不停地自责，对自己很失望。

我没精打采地跌坐在座位上，反反复复地想："我知道自己在公司的地位卑微，又不如其他同事光彩夺目，怎么会有人对我的汇报感兴趣？就算报告了对公司也没有什么作用。我深信上司也有这种想法，觉得我只是个局外人……嘿！可以用'可有可无'这四个字来形容我的存在。"我的心情好像跌入了深渊。

会议终于完了。

"哈，你的脸和脖子这么红，没事吧？"我所在组的主任在散会时语气轻佻地跟我说。

"没事，冷气不够，加上皮肤敏感……没事的……"我假装若无其事地说。主任看一看我，然后笑一笑便离开了。

"我相信主任应该早就看穿了我的问题，因为有时我跟他报告工作的时候，也会脸红紧张。唉！快40岁了，还怕跟别人相处、在人前说话。怕什么？有什么值得怕的？

最糟糕的是脸红，给人孩子气和不成熟的感觉，我真失败！"我边回自己的工作台边想。

除了开会时很紧张，我在一些社交场合也感到焦虑万分……

"饭局"是一个令我感到焦虑的社交场合

公司每年都举行很多饭局，例如节日联欢会、同事升职或退休庆祝会等，我常常不愿意出席，因为我不知道如何跟别人打开话题，又不知道如何应对，尤其是遇到谈话沉默的场景，更加令我不知所措，生怕别人觉得我闷。

换句话说,工作汇报,我还知道是什么和如何应付,但交际、应酬,我真是没有概念,更不知如何处理。

吃饭的时候,大家围着一张圆桌坐,我最怕和别人眼神接触,很不自在,也怕别人看我的吃相,很难为情,很尴尬。另外,我也怕别人看着我夹食物,如果夹不稳而把食物掉在桌上那就出洋相了。我觉得自己在餐桌礼仪方面很笨拙,我也相信在社交聚会中我会失礼人前。所以,每次出席聚会时,我都会很紧张,很不自然。如果可以的话,我会尽量找借口不参加聚会。

某类商店的"气场"是一个令我感到焦虑的社交场合

逛街买东西，对很多人来说是一件快乐甚至减压的事，但对我来说，又是另一回事。

我很怕去那些装潢高档或有很多年轻售货员的店，每次走入店内，都感到很不自然和紧张，特别是当售货员跟着我，而顾客又少的时候，我感到他们的视线都放在我身上，令我心想："他们是不是嫌我土气、寒酸，或者觉得我根本买不起店内的商品，只是来消磨时间？"

有时遇到年轻女售货员，我更会面红耳赤。"先生，这件T恤衫的颜色和款式都是韩国今年最流行的，面料舒适。你又瘦又高，穿上一定很有型，像明星。试下吧，很适合你……"就是这样，在不懂招架或想证明"我有钱买东西"的情况下，我很多次都买了一些不合适的东西回家。我就是这么在意别人对我的看法。当离开商店时，我心里总会骂自己："真是蠢，没有主见，又买了些可有可无的东西，对方一定想，'那么容易就说服了他买东西'。"由于怕再遇到这些场面，我只有不去那些店。

面对"积极、进攻型"的推销员也会令我感到紧张

在街上看见一大群健身中心的职员在游说路人办会员卡的时候,我会刻意避开,选择另一条路。一来因为他们年轻、健硕又充满活力,走近他们我会自愧不如,再加上他们的"推销攻势",让我感到有很大的压迫感。顺应他们办会员卡固然不可能,拒绝他们又怕他们加强攻势或给我脸色看。有时候,我心想:"只是不办会员卡,又不是做错事,我对他们又没有责任,为什么会觉得害怕?!为什么要躲避呢?!唉,我就是那么胆小!那么怕拒绝别

人!"不懂处理,就只有避开。

打电话给老朋友也令我紧张

有时候想找中学同学见面、闲谈,但每次拿起电话都很犹豫,怕对方觉得我闷,不想见我,但又不好意思拒绝。还有时候,我不知道说什么好,最后就没有勇气打电话给他们。

曾经跟家人透露过自己的些许社交问题,他们只会说:

"有必要怕成这样吗？"唉！他们怎么会理解我的痛苦呢！

我感到十分苦恼，寻求帮助无果后，决定到图书馆看看有什么书籍可帮自己处理焦虑问题。我在"心理"分类的书柜中找到一本《社交不恐惧》，翻看书中的内容，发现书里提及的症状跟我的很相似。

"天哪！好相似……真的有九成相似，我难道患上了社交恐惧症？！不是吧……该怎么办才好……"有如感到晴天霹雳，我很难面对自己竟然得了"精神病"。于是，我决定上网联系写这本书的临床心理学家，希望她能帮助自己。

说实话，见临床心理学家的前一晚，我心里非常忐忑，不停地想着："我从来没见过临床心理学家，不知道是怎么一回事，我的问题是否严重，能否处理呢？她会问我什么问题呢……"我整晚辗转反侧，左思右想，久久不能入睡。

次日，终于鼓起勇气见临床心理学家……

哇！诊所不是想象中那样，而是家庭式的布置，种了很多不同种类的植物，中间一道墙挂了一张莫奈名画的拼图，而且没有消毒药水的气味、没有配药处、没有穿着白色制服的护士……但有一位很友善的接待员，她给了我一张表让我填写个人资料。填完后，她带我到治疗室。

坐在我前面的是一位临床心理学家。

"你好，陈先生，我是临床心理学家。有什么可以帮助你？"

"我在社交场合感到很焦虑……"我将所有问题详细告诉她，盼望她能帮我解决。她耐心地听着，之后问了很多有关我的症状、成长背景、人际关系与个人经历等问题。我跟着她的提问去思考及回答，过程中我想起很多久违了的往事，好像对自己多了些了解。

经过一个多小时的心理评估，临床心理学家跟我说："陈先生，你有广泛性社交恐惧症（Generalized Social Anxiety Disorder）。社交恐惧症有两种，特定性社交恐惧症和广泛性社交恐惧症。特定性社交恐惧症是指在特定的社交场合感到焦虑，例如在人前写字或上台唱歌时会感到焦虑。广泛性社交恐惧症是指在大多数社交场合都感到焦虑。你的社交焦虑跟你一直以来的个人认同感有关，是由于自信

心不足加上在社交上的一些挫折而形成……"临床心理学家详细解释我的问题是什么及其成因。

"你不用担心,我会通过心理治疗帮你处理问题。配合恰当的治疗,你的问题是可以解决的……"临床心理学家跟我说。

听完后,虽然我不是完全明白,但当我对自己的问题了解多了,人也好像放松了一点,没有之前那么担忧了。最重要的是,我知道自己的病是可以完全康复的。清楚了,便不用再猜测,我安心了很多。

其间,我先想起儿时胆小害羞,不爱在人前表现自己……

回想临床心理学家说的话,我确实是一个自我认同感低的人,自小就不爱在人前表现自己。记得有一次,在我六七岁的时候,父母带着我们几个兄弟姐妹参加父亲公司举办的夏季旅行。当进行集体游戏的时候,哥哥和姐姐都兴奋地参加,而我就拉着母亲的手躲在她身后。无论母亲如何鼓励，我也不敢参加。最后，母亲只好叫哥哥和姐姐把比赛赢回来的糖果分一些给我。因为我是家中最小的孩子，很多事也由父母、哥哥及姐姐帮我处理。

升入小学，每当老师在课堂问问题，我只敢在座位上小声说出答案，绝不像其他同学那样举手抢答。犹记得读二年级的时候，老师要每位同学轮流站在黑板前的椅子上讲故事，因为她要选出一个班代表参加校内讲故事比赛。那次，我站在椅子上非常紧张，腿都抖了，断断续续地把姐姐教我的故事背出来："……一只小白兔因为……因为说谎，所以……所以掉了大牙……"当时老师和全班同学的目光都投在我身上，我脑袋一片空白，只好快快地把故事讲完。我还记得老师给我的评语是："你说话的声音太细，而且不流利，故事内容也不吸引人。"虽然我不想被老师选中，但是听到老师那些评语，心里顿时一沉，有些尴尬。自那次之后，我再没有参加过演讲活动，且对在人前演讲或表演比以前更加不感兴趣，所以很快就把这件不愉快的事淡忘了。

六年的小学生活，可以说是平静、简单地度过了，没有人发现我有什么问题。在老师和父母眼中，我只是个较为文静、害羞和胆小的男孩吧。而我也不知道焦虑对自己有什么长远影响，我只知道用尽方法避开所有令我紧张的社交场合。

中学的日子跟小学一样，尚算"风平浪静"……

小学毕业之后，我考上了一所颇有名气的中学。班上同学大部分来自较富裕的家庭，而我则来自一个基层家庭。基于这个原因，我不敢让同学知道太多我的家庭生活，避免他们谈论和以另类的眼光看我。课间我也很少参与他们的活动，因为他们的衣着、消费模式和爱去的地方都跟我的有很大不同。所以，当跟他们一起的时候，我感到自己格格不入，不知讲什么话题好。他们讲的东西，我没有接触；我讲的东西，他们好像没有兴趣。于是我习惯了沉默寡言，只管专心读书。

在学校，我的成绩还算不错，名列班上前五名。虽然成绩比大部分同学好，但是总觉得自己不及他们优秀。他们不但学习好，而且运动也好，备受老师欣赏。至于我，学习上没有多大困难，只是每当被老师抽中答问题或小组讨论时，我都会十分紧张，担心答错并且始终……始终不喜欢被人注视。由于不想被人看穿我的焦虑和紧张，我只能躲在人群中做个"隐形"学生，大部分时间独自读书或课余跟两位好朋友打篮球、谈天说地。虽然我朋友不多，社交生活也很少，但总可以在平淡中度过每一天，不会因社交上的焦虑引起其他问题。

总的来说，我小学和中学的生活还算开心，但升入大学之后，焦虑的问题越来越明显，避无可避……

大学的日子，我在社交上的问题"展露无遗"……

如父母所愿，我考入心仪的大学。对于选科，我不知道自己喜欢什么，只记得父母曾经说："文辉，商科毕业容易找工作，而且在商业机构工作赚钱总比做其他工作多。"所以,我选了工商管理为主修科。

在参加学校迎新营的时候,我有前所未有的压迫感。所有学长,二十岁出头,充满活力与朝气。每当见到一位新同学,他们都会满面笑容地走去认识对方。面对那份热情,假如你拒绝的话,心里会接受不了自己。当时的情况是这样的:

"你好,我是商学院二年级学生。欢迎你加入我们的大家庭……你叫什么名字?"一位学长满面笑容,热情地

跟我打招呼。

"你……你好。我……我是陈文辉。"我面红耳赤,很不自然。

"你有没有英文名?"学长友善地说。

"没有……"我低头尴尬地说,好像做错了什么似的。

"那么,我叫你文辉。我为你介绍学会来年的活动,好吗?"眼前的学长,友善、主动又热情。

"好……好……"我勉为其难地说,心想,"他们一定觉得我好'老套',是个'宅男'。我跟他们不一样,他们懂交际、懂打扮、熟悉社会潮流,而我就刚好相反。我不及他们自信、有精神。我相信他们也察觉到我有些怪。"

我对于他们的热情款待有莫大的压迫感，但又不好意思拒绝，而且不敢正视他们，只想快些离开这个地方。学长不断介绍，我心里不断想走。

终于，三日的迎新营结束了，我松了一口气。我离开营地时想："开学之后应该会好些，因为只是上课读书，同学间不需要太多联系和交流。数十人一班，上完课，大家便各自离开……"我愈想愈开心，放下了心里的大石头。

可惜，情况当然不是我想象得那么简单……

公开陈述，怕得很……

读大学，难免要分组做课题和公开陈述。有一次，教授要求三位同学一组去完成一份课题，然后在班上向其他同学汇报。

"文辉，我跟Tony昨晚分别花了很多时间搜寻数据，那你这次负责陈述，好吗？"

听到John这么说，还敢推搪吗？我只好硬着头皮说："好，没问题。"

在等候陈述的时候最紧张，我在座位上故作镇定地听其他组陈述，但我完全不知道他们说了些什么，原因是我大脑停滞，仿佛完全没有空间去思考。我感觉到自己的心怦怦地跳，手脚冰冷、坐立不安，十分紧张。

终于轮到我们组，我拿着资料走上讲台，感到手在抖。为了不被人发现我这样，我把讲稿放在台上，双手一会儿插在裤袋里，一会儿转动手上的笔。看到教授和全班同学注视着我，我越来越紧张，脸也开始发烫，不敢看他们，只低头把资料读出来。不过，我偷偷望了Tony和John一眼，看见他们皱眉又带点厌弃的样子，我就更加紧张和气馁。我不知道自己在做什么，只想快些讲完返回座位，不让其他人看见我脸红。

好不容易才完成了公开陈述，当我返回座位时，"你怎么回事？讲话断断续续，又不敢看人，如何能取得高分？全班最差的就是我们这组了！"John和Tony这样指责，我感到非常尴尬。

之后，再要汇报功课进展情况的时候，他们已经不敢再让我负责陈述。上完这门课之后，我们就没再合作。

那一次，真是一个很沉重的打击，令我开始觉得自己的焦虑问题严重阻碍了我应有的发挥，心里很难受，也失去了自信。过了很长一段时间，我才敢抬头面对同学。自那时起，当我跟别人交谈或在公众场合说话的时候，都会留意自己是否紧张或是否脸红，因为不想再在人前出丑了。当然，我越来越怕在人前表现自己，如无必要，也不会在公众面前令人注意到我，在人群中躲藏起来反而令我舒服。至于在学习上，我尽量选修一些不需要分组或演讲的学科。假如真的避无可避，我就怀着战战兢兢的心情勉强完成，不求高分，只求过关。

想恋爱,但没勇气!

我的焦虑问题不但影响我学习,更令我不敢结交女朋友。在大学三年级的时候,我遇到一个心仪的女同学,但我没有勇气对她展开追求。原因是当我面对女生的时候,特别是那些漂亮的,我都会害怕和紧张,心想:"对方怎么会喜欢我,我为人自卑又不够聪明,我怎能配得上她呢?"所以,我只会偷偷地看着她。我们的关系就只停留在我暗恋她的阶段。直到有一天,我看见她跟另一个男同学谈恋爱,我心碎了。遇到人生第一次"失恋",我的心

情足足低落了好几个月。

一晃眼，我已经40岁了，还没交到女朋友；想谈恋爱，但又觉得没有人会喜欢自己。当时我已经知道自己跟别人相处有很多焦虑，但是除了逃避我不知道该如何处理。

回想起这些经历，我对自己的社交焦虑好像有了进一步的了解。

踏足社会，我的问题更加严重，不得不正视了！

我毕业后的第一份工作只做了几个月，原因是上司严厉，无论是小过失或是大过错，他都会骂。再加上跟一些爱拍马屁的同事相处不来，压力太大，我于是辞职。第二份工作，不知不觉做到现在，已十多年了。初入职的时候，因不熟悉工作环境和工作性质，尚感到有些压力。但是，越做越上手，现在已有一批稳定的客户，他们欣赏我稳扎稳打、实事求是的工作态度。所以，我每个月都能完成上司要求的任务量，也获得了上司的信任，只是在社交上和开会时很焦虑。我知道这会影响我的工作表现和生活。

我现在知道问题的严重性了，因为我的精神健康也受影响。平日，我的睡眠质量也不太好。每逢星期二晚上，即开会前一晚，我都紧张到失眠，眼睁睁地望着时间一分一秒过去，直至天亮。除此之外，我的肠胃也越来越差，精神状态也不及从前。近来，我做了身体检查，血压又高了些。医生建议我放松些，凡事不要太紧张。我也知道，但面对开会这些场合，真不知如何放松。

一星期后，我再见临床心理学家，开始接受心理治疗

"我会用催眠治疗帮你，因为这种治疗方法处理焦虑症的效果较为理想。你听过催眠治疗没有？"临床心理学家说。

"是不是你拿着怀表在我面前左右摆动？这样我就会被催眠，跟着迷迷糊糊地不知去到哪里……哈哈！"我想起在电视剧或电影中看到的情节。

"我也看过这些情节,不过,实情不是这样的。催眠治疗可应用在很多领域,如治疗抑郁症、各类焦虑症、简单或复杂的创伤后压力症、童年阴影、失眠症、痛症、提升自信等。它在精神病学中的治疗效用已在很多学术期刊刊登出来。在催眠的过程中,你是清醒和有意识的。例如,你能听到我说话,知道在我的诊所,可能听到外面的车声、开门声,但干扰不到你,你只是沉醉在我要你想象的空间,好像白日梦旅行一样……绝不会带你去第二度空间,因为我也不知第二度空间在哪里。"临床心理学家微笑着说。我也笑了。

"那么有没有副作用?"我好奇地问。

"不会有任何副作用,而且在整个过程中不会要你做一些尴尬的事情,以及违反你意愿的事情。整个治疗是很安全的,在你的同意下才能进行。如果你不愿意,你也不会被成功催眠的……"临床心理学家详细解释。

当我明白之后,就开始治疗。治疗过程中,我坐在一张很舒适的椅子上，合上眼，听着临床心理学家说的话去想象。

经过数次的治疗后，我感觉自己比以前放松和平静了。

"我留意到当我身处社交场合时，例如在会议中，我焦虑的程度比以前降低了。不但这样，我那些因焦虑而产生的身体反应，如脸红、出汗、手抖等症状都减退了，没有以前那么紧张了……"我开心地跟临床心理学家报告我的情况。

在每一次治疗时，我将过往一星期的情况详细地告诉临床心理学家，因为她会根据我的情况和进度加入相应的治疗内容。所以，每次催眠治疗的内容又跟上一次是不同的。

除了放松外，临床心理学家开始在催眠过程中带我去一些社交场合，如到会议室开会、汇报，跟同事吃午饭等。这是另一阶段的治疗，让我好像置身在真实的情境中，从而处理在社交场合时的焦虑和恐惧……

经过数次治疗后，我感到自己在社交场合的焦虑已经没有以前那么严重了。焦虑的时间缩短了，我能够很快地平静下来。

当治疗有些进展，就要尝试在生活中克服问题。临床心理学家鼓励我进行正常的社交生活，在跟别人接触或开会时，留意自己的情况，从实际体验中观察自己的进步，分析自己做得好的地方，从而提高自己在社交场合的驾驭能力。当对自己的能力有更多了解，自信心也会提高。

我记得最近一次开会，起初我有一些惊慌，但很快便平静下来，没有把太多注意力放在别人的目光和表情上，而是集中在自己的汇报内容上。我尝试慢条斯理地交代工作进度，享受和欣赏自己说话的声线、汇报内容……整个过程很平静，以往最困扰我的面红耳赤已经没有了！经过治疗及实践后，我发现我在社交场合的焦虑和不自然的感觉已经没有以前那么严重了，紧张的时间越来越短，我感到自己的焦虑渐渐减退并可以驾驭。

除此之外，我在治疗过程中也开始真正认识自己。为何是真正？因为以往的我只看到自己不好的一面，且把它无限放大，却看不到自己好的一面。那对自己太不公平了！在催眠中，我认识到自己的强项、特质和做得好的地方。我开始尊重自己、爱惜自己和欣赏自己，逐渐习惯不把每一个人都看成审判自己的法官……当思想改变了，人也轻松了。

终于走出焦虑症的阴霾……

我现在喜欢买哪一件衣服就买哪一件,喜欢跟朋友聚会,看见推销员不会绕路走……更享受的是能做回自己!原来人与人的相处可以这样简简单单。至于女朋友方面,我会努力,但一切都要看缘分吧,哈哈!

我就是这样克服了社交恐惧症。

生活在盒子里的少女

" 我感到很局促……呼吸有点困难……很想下车。车即将驶入隧道,如果被困在隧道里怎么办呢?到时我又不能下车……越来越局促,我呼吸便更不顺畅…… "

我的生活一直无风无浪，以为自己会一直这样平平淡淡地生活下去，想不到某日坐公共汽车的时候，发现自己有些反常，自此我的生活有了很大的变化……

情况是这样的……

今天早上，我在家吃过早餐便如常出门搭公共汽车上班。我在公交站等车，车来了，照常在上层窗口的座位坐下，然后边听着耳机边看街景。其间，我看见公共汽车上所有玻璃窗都是不能打开的。不知为何，我突然感到有些局促，脸开始有些热，心想为什么不开大空调，莫非空调系统有问题？

公共汽车继续前行，每个站都有很多乘客上车，车厢里的人越来越多，令我感到车厢内的空气好像越来越稀薄，越来越局促。我很不舒服，开始感到有些呼吸不顺畅。

"这辆公共汽车的空调应该出了问题，我感到呼吸有些困难……又好像有些眩晕的感觉……"我在心里想着。

在这个时候,我见所在的位置距离公司不远,于是决定提早下车步行过去。下车后,我感觉有些凉风吹来,整个人舒服多了,完全没有公共汽车上的那种感觉。

"原来那辆公共汽车的空调真的出了问题!"我心里认为这样,并庆幸提早下车。

第二天,我又如常搭公共汽车上班。

"奇怪,为什么今天的公共汽车跟昨天的一样,又是那么局促?为什么每辆公共汽车都没有足够的冷气呢?莫非公共汽车公司想省钱?"那三十分钟的车程,我越坐越不舒服,尤其人多的时候,总觉得呼吸不顺畅,胸口好像被压着似的,甚至有点头晕。

我对自己说:"明天不如转搭其他交通工具吧。"

次日，我改搭地铁，再转公共汽车去公司。在早上的繁忙时段，地铁特别拥挤，我好不容易才挤进一个车厢，看见前后左右都是人，感觉很局促。当车门慢慢关上的时候，不知为何我感到很心慌，心口好像有东西压着，呼吸也开始困难。当列车驶入隧道，我就更加慌，好像有种被困却逃不出去的感觉。最后，我忍不住在列车开到下一站、门一开的时候，立即冲出车厢。之后，我在月台休息了一会儿，感觉才好一些。

"是不是我近来缺少运动，或是身体越来越差了呢？为什么搭公共汽车时这样，搭地铁又是这样？"我对自己的身体反应，实在感到莫名其妙。

由于我转搭其他交通工具也不见情况有所改善，最后决定再试搭公共汽车上班，并期望公共汽车空调开着。可是，我的情况没有改善，不舒服的感觉没有减轻，反而越来越严重。渐渐地，我怕搭交通工具。

不单是搭车，在狭小的房间也有问题……

由于每天三十分钟的车程令我有很大的焦虑和压力，我决定辞职。虽然上司挽留我，但我不敢跟他说出真正的原因，只推说"家中有事"便算了。辞职后，我本想找一份离家不太远的工作，以避开搭车的烦恼。可是，我发现问题已不限于搭车。当我在狭小房间的时候，也感到浑身不舒服……

我之后找到一份销售员的工作，公司要求我这个新入职的员工，参加为期一周的销售技巧训练。终究是新尝试，我充满期待。训练第一天，我们十二位新入职的销售员连同导师共十三人一起去会议室。当我走入会议室，见中间放着一张大会议桌，四面都是墙，地方狭窄，便感到有压迫感。导师之后关上门，我开始感到有些闷热，心口好像被什么压着，情况就像以前在公共汽车和地铁车厢内那样。

当导师关了会议室的所有灯，一片漆黑下启动计算机准备上课的时候，我立刻感到有很强烈的压迫感，好像被困却找不到出口又逃不了的感觉。我开始呼吸不顺畅，要大力深呼吸，心也跳得越来越快，且有些头晕。

"不得了，很闷，我支撑不住了，快要晕倒了！"心里呼喊着，既惊慌又焦急。

我很想立即离开会议室，但又不可以，唯有脱掉西装外套，感觉顿时好一些。其间，我又借故上洗手间，走出会议室休息并呼吸了一口新鲜空气，才能勉强完成当天的训练。终于熬了一个星期,可是后来因为我找不到顾客达不到公司要求,又辞职了。

自己的身体状况不知为何变得这么差,于是我到医院做全身检查。检查报告显示我的身体完全正常和健康,令我心安了点,但我心里有个疑问:"既然身体没有问题,为什么在人多的地方常常感到心跳加速、呼吸不顺畅、头晕?真不明白!"

以为不搭车便没事了,可是……

我没有深究个中原因,只想尽快找一份新工作,解决自己的经济问题。为了避免身体不适,我不再找离家太远的工作。幸运地,我在家附近找到一份物业助理的工作,平日不用搭车上班,少了担忧,问题好像暂时解决了。

工作是做文职,主要负责处理文件,虽然收入少了,但胜在稳定和自己能应付自如,感觉好一些。然而,有时一线同事太忙，上司会要求我帮忙带客户上楼看一看房间。那时，我就有些害怕，因为有些大厦的电梯又旧又小，门一关，我又感到局促、呼吸不顺畅及头晕……

"要死啦，我一个人，万一电梯突然坏了，便会困住我；被困住又无路可逃，我会呼吸困难；呼吸困难，就晕，然后失去知觉。如果我昏了过去，身边又没有朋友，那怎么办……"

幸好，我的同事大多十分友善，他们知道我有这方面的问题后，都会尽量陪我带客户上楼。有相熟的人陪伴，我感觉好一些。加上我尚能做好这份工作，生活也算安稳，一切好像都恢复正常了！但是，我之后又辞职了。为什么呢？

因为我的上司去了另一家公司，邀请部分同事跟他一起过去，我也是被邀之列。考虑到工资比现在多一半，又可以跟旧同事继续工作，于是我决定跟他跳槽。然而，新公司距离我家有二十分钟的车程，这固然令我担心身体不

生活在盒子里的少女

适的感觉重现,但考虑到近来的情况尚算稳定,自己也想多赚点钱,我只能相信自己能应付得来。

如大家所料,我每次搭车都有那种不舒服的感觉,尤其人多的时候,我总感到局促,好像呼吸不到空气,上班总要插着耳机听歌才可挨过二十分钟的车程。而下班的时候,因为有同事陪同搭车,一路交谈,分散我的注意力,便感觉时间过得快些,也多了一份安全感,没有

那么焦虑。

我的问题已影响日常生活和社交

有时候，公司在工作之余会举办联谊活动，我会因地点太远或没有相熟同事陪同而不参与。不过，刚过去的圣诞节，公司于九龙一间酒店举行圣诞联欢会，尽管我知道要搭车过海底隧道，内心已很担忧，但见同事都很雀跃，我也想和他们一起开开心心过圣诞，所以，我没有拒绝，况且也想试试自己能否克服心理困难和身体状况。

当天，我照常塞着耳机搭公共汽车，选坐上层，希望空调好一些。起初没有问题，但当看见公共汽车每次到站都有很多乘客上车，挤满了整个车厢，我便感到不舒服。而当连通往下层的楼梯也挤满人，看不到出口时，我便开始感到呼吸不顺畅。即使专注听歌，情况也没有多大改善。公共汽车继续往九龙方向驶去，乘客越来越多，我觉得呼吸越来越困难，之后开始有些晕。公共汽车将驶入隧道时，我的心口像被大石头压着，心跳得很快，呼吸也很困难。

"假如公共汽车困在隧道里，我被困在车厢内不舒服也不能走，身边又没有朋友，如果我昏了过去，怎么办？……"我越想越怕，越来越难以呼吸，好像快要晕过去了。

最后，我决定在公共汽车进入隧道的前一站下车。我感到很气馁，只好致电同事："亚欣，我不舒服，想在家休息，不能出席联欢会了，你们玩得开心些吧！"

"好，那么你休息一下，圣诞快乐！"亚欣关切地说。

"圣诞快乐……"

我很不开心，因为这个问题推掉了很多公司活动和朋友聚会，也不可能要求别人迁就自己选个方便我的地方吃饭或见面。于是，我只能一个人漫无目的在街上逛。

坦白说,不能搭公共汽车,更遑论搭飞机。当我想到困在机舱至少两三个小时,中途又不能离开,我便会打消去旅行的念头。事实上,我已很久没有外出旅行。除此之外,我也很久没看过电影,因为进电影院看电影,就像困在一个漆黑的密室,看不到出口,令我觉得局促、头晕、压迫、难以呼吸,所以电影院已成为另一"禁地"。同样,在室内街市或光线阴暗、桌与桌之间不太宽敞的餐厅,我也感到不适,以致社交和日常生活大受影响,这真的很困扰我。

看见自己的情况越来越严重,我决定去见临床心理学家,之后我明白了不是身体有毛病,而是我的精神健康出了问题,我有幽闭恐惧症。原来,我一直没意识到我有很大的生活压力,但我的压力是什么呢?那要从我的生活入手一步一步去拆解。

生活的转变为我带来压力

差点忘记介绍自己,我叫Miu Miu,23岁。我是一个很平庸的人,生活一直都是平平淡淡,简简单单;自小不喜欢追求物质享受,只喜欢结交朋友分享生活点滴、同笑同哭,有困难时互相扶持。庆幸由小到大,我得到了家人和一帮好朋友的爱护。

而我自出生到中学阶段都在居住区活动,平日上学只需步行五至十分钟便可到学校,有时会约几个住在附近的同学一起上学,大家有说有笑,十分开心。中午,我可以回家吃饭,然后悠闲地踱步回校,放学便回家,放假也只在居住区内逛逛。或许因为这样安稳地过了很长一段时间,当我要离开这个舒适区到外面的世界接受挑战时,会感到恐惧、焦虑、不安和有压力,尤其是在这段时间我刚中学毕业,没考上大学,准备投身社会……

我怀着战战兢兢的心情,首次离开居住的小区,搭三十分钟公共汽车"远赴他乡",到一家地产公司做文职。压力总是有的，因为这毕竟是我的第一份工作，而且我从未接触过这种类型的公司。想不到在适应生活上转变的同时，我会有一些压力并将其潜藏心底，我当时没有留意。因为我很幸运，我的同事都很好，他们成为我工作上的精神支柱。大家相处很融洽，也会互相帮助。由于我在中学时修读商科，所以一般的打字、文件处理等工作都能应对自如。

有一天，上司跟我说："Miu Miu，你在这里工作了半年，我很满意你的工作态度和表现，而且人际关系也不错，那你有没有兴趣转做地产经纪？做地产经纪最重要的是跟客人建立良好的关系，了解他们的需要，然后帮他们找合适的房源……对你来说，这方面应该没有难度。"

上司这一问真的吓我一跳。

"……做地产经纪不太困难，我和同事都乐意教你，不用担心。你做事又勤快又认真，你一定可以学到做到。假如你转做地产经纪，收入可比现在多很多。你的意向如何？"上司耐心解释。

"嗯……"

"不用急,你回去考虑一下……"上司确有诚意。

"好,那我回去想想。如果没有别的事,我先走了。"

老实说,他的话颇有道理。"假如我每个月多赚些钱,便可以多给父母一些家用,这样他们就不会啰啰唆唆。做地产经纪只是帮客人买楼卖楼,我相信跟买菜卖菜没有多大分别吧,我应该可以应付得来!"下班搭公共汽车时,我反复想着上司那番话,想着想着,差点忘记了下车。

得到上司器重当然开心,于是我决定考个地产经纪从业证,谁知两三个月后,我考取了经纪从业证并正式转职,却引爆了我的焦虑症。

我每天都雄心壮志,努力联系一些业主,看他们是否想通过我们公司买卖房产。有客户的时候,我会尽力帮他们找合适的楼盘,并带他们去看楼盘。虽然我很努力,但是始终无业绩，令我每天下班备感疲惫和失望。做了一个月后，我发现自己对这份工作没有太大把握；而且，每天为工作不停联系客户实在压力太大，尤其是有时一整天也找不到一个客户，却见同事做成一单业务，我心里便会很焦急，衍生更多负面思想，更加怀疑自己的能力。

"不知为何，无论我多努力都完不成销售任务！我觉得自己很没用，不能帮公司赚到钱。公司每天白支付工资（底薪）给我，令我很不好受。"这些想法经常浮现在我

的脑海。

当日子一天天过去,我心里更加焦急,"这个月到目前为止,我只成功帮一个客户找到了房子,其他同事则不断开单,个个成交额都至少十几万元。如何是好?原来我根本应付不了这份工作,我的能力真是有限!"

虽然上司很理解我的情况,没有催促我,但我的心理压力很大,不想连累公司赚不到钱,再加上上司一直赏识我,我不想令他和同事失望,因而心里常常鼓励自己说:"我一定得努力!我不可以输给自己。"

可是,我每次都失望而回。渐渐地,我每天上班都有很大的心理负担,很怕见到同事和上司,每每生出一种内疚感。每天早上起床,我只想着"今天的情况不知如何呢?""能否找到客户买房呢?""这个月能否完成任务呢?"……当我想到这些的时候,心里就好像有大石头压着,呼吸开始困难,心也跳得很快,觉得局促和有点头晕。就是在这段时间我开始感到在上班搭车时,车厢内很局促、呼吸不顺畅。我当时还以为是公共汽车的冷气系统出了问题，所以很怕搭公共汽车，现在才明白过来，原来这是由压力引致的幽闭恐惧症症状。

过了三个月，我每月的成交额仍然只有数千至数万元，跟同事相差很远。我很想做好却又力不从心，挫败感和内疚感来袭，加上对于每天搭乘二十分钟巴士非常抗拒，我最后找了一个借口——"家中有事"辞职。而我当时仍旧不明白自己有什么问题，以为换了工作就可以解决问题。

家庭也为我带来很大压力

我一心以为辞职就没事了，可是没有工作的日子，比有工作的日子压力更大，因为常常在家中听到妈妈唠叨……

"唉，你整天懒洋洋地待在家里，又不积极找份工作，都不知道你想怎样……工作总是辛苦的，一遇到困难就辞职，那么哪份工作也做不长。家里经济紧张，每月想有一些储蓄也不能……你现在没有收入，我都不知道该怎么办……幸好你妹妹刚毕业就找到工作，有目标，踏踏实实，不用我们老两口担心，而你就……"每次听到妈妈这些埋怨、将我和妹妹比较的话，心里就很不好受。虽然我知道他们心里关心我，但是他们太不了解我的烦恼。所以，家庭方面也给了我很大压力。

在情绪濒临爆发、没有办法解决的情况下，"逃避"就是我最常用的方法。每天清早，我便出门到公共图书馆看报纸和上网找工作，直到很晚才回家，因为不想总待在家。我跟自己说："一定要尽快找到工作，多赚些钱，到时妈妈就会少啰唆几句！！"

因此，当我见到距离我家约十分钟车程的某大公司聘请产品销售员，便没考虑是否喜欢或适合自己就去应聘了，因为我知道如果销售情况理想，会有很多提成，而且可以有十四个月工资。

经过一轮面试，我终于被录取，之后却让我知道自己的问题不单在车厢，即使在狭小的房间，我也感到不适和惊恐。这源于我当时的生活压力很大。一来怕收入不足以应付父母而被埋怨，二来工作不合个人性格，尽管我努力推销产品，但总是被拒绝，整整一个月也做不成一单生意，相当挫败，而且这感觉比之前更加强烈。工作达不到公司要求，上司也难免催促，甚至在检讨会中当众对我说一些难听的话。所以，我一回到公司，经常感到压迫、呼吸不顺畅、心跳加速，甚至胃病发作，情况每况愈下，最后受不了唯有辞职。当时被困在失败感和生活压力中，不知如何走出困局，还以为是身体出了问题，现在当然明白了是怎么一回事。

辞职后，父母又开始埋怨，当时没时间深究自己的问题，我像往常一样只想尽快找到一份工作。为免身体再感不适和因工作压力太大而影响表现，我不再找销售和离家太远的工作。幸运地，我又在居住地区做回老本行——房屋物业助理，轻松了很多，而且不用搭长途车上班，身体自然没有问题。所以，那段时间尚算平稳。其实这种"稳定"只是因为我避开了导致我焦虑的环境，所以当我再次面对搭车等情况时，问题再次出现，就像那次参加圣诞联

 生活在盒子里的少女

欢会，公共汽车临入隧道前，我因太惊慌而不得不下车。

终于决定见临床心理学家……

临床心理专家告知我患有一种焦虑症——幽闭恐惧症，即我在密闭空间，如在电梯内、公共交通工具上、隧道中、电影院里、机舱内等处都会感到恐慌、焦虑、呼吸困难，担心无法逃离现场等。

"我终于明白不是公共汽车的冷气系统出问题了,更不是我身体不健康,而是我有焦虑症。"

开始接受心理治疗……

"……Miu Miu,当你每次在车厢感到呼吸不顺畅的时候,你会想到什么?"临床心理学家问。

"会晕。"

"晕会如何?最坏的结果是什么?"临床心理学家再问。

"失去知觉,就我自己一个人,不能保护自己,还有……可能会被抢劫、非礼……"

"被抢劫""非礼",为何有这种想法、担忧?这些事从没发生在我身上啊!

心理学家跟我进一步交谈,令我回想起早已遗忘了的事，对自己的问题有更深入的了解，让我明白了为何我会有这些焦虑。

自小已"学会"焦虑、担忧

首先，我妈妈是凡事往坏方向想的人，对一些生活小事都很紧张和忧心。例如，可能因为我们家中没有男孩的关系（父母只生了我和妹妹），她很多时候会担心我们的出入安全。在我读中学时，我们住公寓。当时公寓的治安不太好，妈妈每天都会接我和妹妹放学，然后一起回家。所以，我们绝少很晚才回家。另外，有时村内发生了流氓案件或报纸上有相关新闻，她就会告诉我们，说："你们出入要小心，又有一个少女被强奸……"或是"今天邻近那幢大厦有大妈看到一个暴露狂，你们要小心……"每次听到妈妈的"报道"，我都很怕，但又不知如何"小心"。

其次，我中学时读女校，很多同学放学为节省时间，宁愿走路回家也不愿等公共汽车。学校很关注学生的安全，每当发现学校附近有什么可疑人物或发生什么流氓案件，校长都会在早会上提醒我们。某一天，校长就这样说："昨天，有同学在放学时在阴暗处遇到暴露狂，幸好她立即跑回学校告诉老师，校方已经报警。各位同学要小心，不可单独……"我就是听着这些坏消息长大，或许因而心里潜藏着那股恐惧吧，总觉得"女孩子是不安全的，女孩子会常常遇到危险，惹上麻烦的"。

回想起来，我终于明白为何我一直不太喜欢穿裙子，因为"裙子"等于"女孩子"，等于"不安全"。另外，妈妈和校长的提醒又经常不知不觉在我的脑海浮现，尤其当我独自到一些陌生的地方或搭车时，会令我不自觉地紧张起来，并提高警觉以保护自己，避免不好的事情如抢劫或"非礼"等事发生在自己身上。怪不得后来当我一个人外出时，我会警告自己要小心，当我在公众场合感到不适时，我会非常焦虑，因为我害怕当我一个女孩儿晕倒并失去知觉之后，由于没有家人或朋友在身旁救助，我不能保护自己，最终会有可怕的事情发生。

就是这样,我平日抱着防患于未然的心态出行,个人意识和身体都处于非常紧张和高度戒备的状态,而稍有不适,就会相当留意身体的反应,越想越慌。就像我在巴士上一旦感到局促和呼吸不顺,便会在意自己的身体状况,越在意就越觉得不自在,如此恶性循环,直至下车为止。临床心理学家解释,这与人体内的一种压力机制有关。

这种机制会于我们承受压力时启动,刹那间释放三十多种激素。在那些激素的刺激下,我们的呼吸会加快和加深,从而令肺部活动加强,让血液含氧量增加,肝脏亦会释放大量血糖到血液里,为肌肉提供额外的能量,等等,以帮助我们处理面前的危机,如逃亡或还击。

当危机过后,我们的身体便会恢复正常状态,这是求生的本能机制。但对于一个患焦虑症的人来说,很多事情都被看成一个危机。就像我,每当感到身体有点不适,我都会看成一个危机——会晕。当"危机"这个信息传送到身体，身体便会启动压力机制，于是如上文所述，心跳、呼吸加速……而我误把这些反应当作另一个"危机"——身体不适。于是，身体再次启动压力机制，体内再次释放激素，于是心跳再加速……不断恶性循环。那些激素还会启动脑内负责记忆的功能，把那些经验牢牢记住。所以，我每次上公共汽车，那种不适的感觉都会再次出现。

我终于明白自己的焦虑为何越来越严重。除了关乎生活压力之外，我的成长点滴也构成一些令我容易焦虑和不安的元素潜藏在内心。如今，我对自己的心理状况有了更多了解，整个人更加淡定，因为愈清楚病情，就愈容易控制，人就愈安心。

自小自我价值感不高

临床心理学家说得对，我一直自信心不足。在成长过程中，我经常觉得自己对家庭没有任何贡献，我不知道自己有什么存在价值。

　　身为家中的长女,父母对我有一定的期望,他们都希望我能考上大学。可惜,我在中学时没有认真学习,加上或许我的资质欠佳吧,所以最后令他们失望了。

　　我爸爸是在保安公司工作,他很疼爱我和妹妹,容许和支持我们做自己喜欢的事,从不给我们压力。有时,我会因不能满足他的期望而感到内疚,觉得自己没用。我也知道在他心目中,我是一个不够进取、没有目标、简简单单便可过日子的人。或许因为我没有一技之长吧,令他有时很担心我的将来,他曾跟我说:"要多存些钱,将来才能照顾自己。"

当我静下来仔细分析,其实我又不是他所想的那么没有计划而令身边的人担心。我只是想过简简单单、开心的生活。但是,不知为何,当我跟他们在一起时,总觉得"追求简简单单的生活"代表不上进、能力欠佳,不太出色。这可能由于跟他们相处太久,他们的价值观也潜移默化影响着我对自己的看法。

至于我妈妈,她大概跟爸爸一样觉得我懒散、没有目标、不听话、做事得过且过,所以我自小需要她在身边不断督促才肯读书、做功课。我记得有一次姑姑来探望我们,那时我刚刚升上小学一年级……

姑姑问我:"你为什么瘦了这么多?读书一定很辛苦吧!"

妈妈在旁边说:"她哪有这么勤奋!"

生活在盒子里的少女

我当时没有什么反应,但那番话一直深深印在我脑海。她又常常喜欢将我跟妹妹比较。妹妹是个有进取心的人,大学毕业后很快便找到一份不错的工作,不用父母担心。而我,在妈妈心目中刚好相反。因此,我一直尽力做好每件事(虽然我在父母眼中不是如此),希望向父母证明我的能力,令他们知道我不是他们想象中那么差。

扪心自问,我确实在乎他们对我的看法,所以也会给自己压力,特别是在没有工作的时候。我很想做好,但一遇到困难就胆怯,觉得自己处理不当,很想逃避。所以,多年来我都很怕改变和接受新事物。回想当初转做地产经纪,我真是大胆,为了多赚些钱,信心不足却硬着头皮去试,压力从四面八方袭来,最后还是因承受不了而辞职。只是想不到压力不但没有消退,反而令我的情况越来越差,更引发了焦虑症。所以,压力真是很多精神病症的源头,不可轻视。

从治疗中,我学会了放松和欣赏自己

当明白了自己的精神问题,情况已差不多好了一半。我更从心理治疗中学会了深层的放松,不知不觉间放慢了生活步伐,且对很多事情看开了一点。更重要的是,我的压力机制从此不会胡乱"鸣响"。那么,身体的器官和细胞便不用"奔波劳碌"了,哈哈!

此外,我学会了肯定和认同自己。这二十三年来,虽然父母一直照顾我的起居,但每当情绪上、成长上及工作上有困难时,都是由自己应付,尚算处理得不错吧!而且,我自己也有很多长处、特质,例如性格随和、善良、乐于助人……我不再跟别人比较,因为每一个人都是唯一的。正所谓我有我的优点,妹妹也有她的优点。再者,我有自己的生活、兴趣及人缘。的确,我有很多好同事、好上司、好朋友和家人呢。我现在可以大胆地过自己喜爱的生活。当我对自己的认同感提高了,整个人也安定了很多。我深信现在的我是有能力保护自己的!

治疗令我看清世界和自己的能力

临床心理学家还令我回忆起在患焦虑症之前,自己一个人搭过无数次巴士,到过很多餐厅用餐,去过电影院看电影,从来都没有事故发生。而且,我还有很多快乐的体验和回忆,例如我的好朋友在餐厅为我庆祝生日;小时候一家人去看电影,我和妹妹开心地搭巴士,还蹲在椅子上看窗外的风景……总之无论到哪里,不管多远,我一直以来搭车外出都没有问题。

所以,我决定再尝试搭公共汽车,看看自己能否克服焦虑问题,并由短程开始,之后再搭长途公共汽车穿隧道;又由最不繁忙的时段上车,到最繁忙的时段上车。起初我有些担忧,但心情很快便平复下来,而且每次都能搭到目的地。其间,我看到车上有些人看手机,有些人睡觉,有些人看街景……人人都轻松自在。我更留意到在司机驾驶期间,他和乘客都没有呼吸困难。另外,我也尝试约朋友去不同的餐厅聚会,一个人去电影院看电影……每一个试验都令我确信世界不是我想象中那么危险、恐怖,而我也不是想象中那么脆弱，我是有能力照顾自己的。

我现在重拾自信，享受我的社交生活和工作，十分开心。而且，我的世界原来不只局限在我居住的地区，我还可以去得更远……

Miu Miu 有小小的分享……

作为走出焦虑症阴霾的过来人，经历很大的冲击和转变固然不易，但日子还是要过，唯有鼓起勇气跨越那些难关，才会更了解自己，更能掌握未来，以及发现我们的世界原来这么宽阔。

快乐无忧的太太

"医生,医生……我突然感到呼吸不顺畅,全身也不舒服,我很怕,真是很怕,我会不会死?"

"医生……医生……救命呀……救命呀……"我刚从麻醉中醒过来,突然感到很惊慌,在病床上大叫起来。

"什么事?有哪里不舒服吗?"医生和护士赶快走到我身边想看个究竟。

"我……我感到……感到……呼吸不顺畅……我的鼻腔好像有东西塞着……我好怕……我怕我会死……请救救我……"我抓住护士和医生的手,用力呼吸。

"你先冷静……先冷静……你先放开手让我帮你检查一下。"医生细心地帮我检查鼻腔,用手电筒来回检查了数次。

"我检查过你的鼻腔,完全没有问题,里面也没有东西塞着。你刚才做的隆鼻手术也完成得相当成功,理应没有问题。无论如何,我叫护士给你输一些氧气,你可以在这里休息一会儿,感觉好些再离开。"医生耐心地解释给我听。

"好……好，谢谢医生！"听到医生这么说，我的情绪稍为平缓了一点。

回家后……

冷静下来，想起自己当时在医院情绪失控的情况，就有点……有点儿难为情！

话虽如此，但当时的情况真是令我很惊慌。我记得当我从麻醉中苏醒过来时，一睁开眼，便感到全身乏力，很艰难地从包里拿出一面镜子，看看自己手术后的模样。当我看见自己的鼻子上盖着一大块厚厚的纱布时，不但有点害怕，还突然感到呼吸不顺畅，于是尝试用力呼吸，但觉得好像有东西塞着鼻子似的，因而再用力呼吸，发觉呼吸更加困难，且有快要窒息的感觉，整个人瞬间陷入了惊慌状态，想起身找护士又没有气力，于是越来越紧张，然后就不自觉地大叫起来，就像疯了一样，十分害怕会窒息死亡。现在回想起来，我仍有余悸。

"为何我会如此惊慌呢？其他病人做的手术比我的还要复杂，他们也不像我这么惊慌失措。我到底怎么了呢？"我不停想着，希望找出缘由。

想着，想着，印象中好像也遇过类似的恐慌情况，也是那种呼吸不顺畅、十分惊慌、感到快要死了的感觉，应该是……我想起，大约在做这个手术的半年前……我跟几位朋友到马来西亚旅行，情况是这样的……

我们一行四人入住当地一家新开的酒店。某一晚，我们外出玩儿完回酒店休息。进入酒店电梯，几个身形高大的外籍人士尾随进来，狭小的电梯顿时挤满了人。当电梯升上三楼的时候，突然停了下来。于是，我们尝试按不同楼层的按钮，但电梯完全没有反应，最后只好按报警器求救。我们一共九人就在局促的电梯里等待救援。

由于我最先进入电梯，所以我站在电梯最里面的位置，而在我前面的则是几位身形高大的外籍游客。电梯的空间很小，空气渐渐稀薄，继而开始有些热，再加上我的

视线被那几位外籍游客阻挡着,我觉得很有压迫感。被困数分钟后,我觉得很局促不安。看着时间一分一秒地过去,我心里开始焦急,一边想着何时才有人来帮我们,一边感到呼吸越来越困难,心跳得很快,而且越来越热,越来越闷,我几乎昏过去。无疑,当时我感到十分惊慌,很想尽快离开那部电梯,奈何救援人员没到,真担心自己会窒息死亡、失控发疯或者会有什么恐怖的事情发生。最后,我们被困二十多分钟后才被救出。

那真是一次可怕的经历,但我一直对发生的这件事不以为意,因为当我被工作人员救出来之后,情绪渐渐平复,于是我只把它看成旅程中的小插曲。次日,我们又继续开开心心地游玩，也没有再把这件事放在心上。想不到事隔半年，隆鼻手术竟然令我有当时那种惊恐和不舒服的感觉，整件事又浮现在我的脑海，真有些莫名其妙！

"莫非那次被困电梯的经历把我吓坏了，所以每当遇到任何令我呼吸不顺畅的情况时，我也会感到惊慌？"我好像对自己焦虑、惊恐的原因有些头绪了。

于是，我查看网络上的资料，这就是什么……什么"潜意识"吗？不过，回想起来，在未发生被困电梯事件之前，我有时在狭小的房间也会感到呼吸困难和恐慌。那么，这次的手术似乎与被困电梯事件没有因果关系吧？！这次的手术也不像是问题的主因……唉，真是越想越混乱，越想越不明白。我自问是一个没有烦恼，生活一直都无忧无虑的人，真不知为何会弄成这样。我也被自己弄得头昏脑涨。

做完这次手术之后，心想虽然是一次受惊吓的经历，但始终都会过去的，便不去多想，不去究其原因，可是，想不到一星期后，我感到伤口有点不适。于是医生安排我于一个月后再到医院复诊，并说如果有需要的话会为我再进行一个小手术以修补现在的情况。听到这个消息之后，我很害怕，害怕有上次那种惊恐的感觉，因而心里不断埋怨自己选择做这个手术。其实，这次的隆鼻手术是没必要做的，丈夫也不建议我做，只是我贪心地想让鼻子高一点、好看一点，加上以为只是一个小手术，所以才决定做，但做完之后却很后悔。当知道要再复诊及有可能要多做一次小手术之后，我每晚都睡不好，精神也差了很多。

我跟好朋友谈及我的状况，她建议我找一位临床心理学家去处理这个问题。于是，她帮我安排了去见一位临床心理学家。

终于见到临床心理学家并寻求帮助……

"心理医生，请你帮帮我。在数星期后，我要到医院做一个小手术，不做又不可以，我想在做这个手术之前，请你帮我处理我的惊恐问题，可以吗？唉！这件事真令我很烦恼。我浏览过网上资料,这问题叫什么幽……幽闭……恐惧症、什么惊恐症,对吗?但我生活上一直都没有问题,又有一个疼爱我的丈夫,不知为何会有这个病。"我直接把烦恼和期望告诉临床心理学家,希望她可以帮我解决问题。

"好,但先让我对你的情况多了解一些。除了这个问题,还有没有其他问题正在困扰你呢?"临床心理学家关心地问。

"有……除了这个手术外,其实我也很怕在一些地方逗留太长时间,例如在电梯内、在人多的地方、在狭小的房里或在车厢内等,我会很不舒服,好像呼吸不到空气,很想快些离开。"

"从什么时候开始的?"

"以前就有过一点点不舒服的感觉……呀,应该说,一直以来都有这个问题,但对我的生活影响不大。我可以避免到狭小的房间或拥挤的餐厅，而每次搭电梯都只是一两分钟，因此没什么大问题，何况生活上又不是常常遇到被困电梯或交通堵塞的情况。基于此，我也没有把问题放在心上，生活一直很安定……但数个星期前，我做了隆鼻手术之后，那种心慌好像严重了。最大的问题是，在数个星期后我又要回医院再做一次检查，有可能要再做一个小手术。所以，这次真是避无可避，得寻求心理医生帮助。"我把自己的情况告诉临床心理学家。

"当天做手术的情况是怎样的？"

"那次我贪心地做了一个隆鼻手术……"我把手术前后的情况详细地告诉了临床心理学家。

"除了那次经历，之前有类似的经历吗？"临床心理学家这一问，我就把那次马来西亚旅行的经历告诉了她，看看是否跟我现在的问题有关。

"……有……约半年前到马来西亚旅行，我被困在酒店的电梯里……"我边想边告诉临床心理学家。

"我想知道每次当你遇到焦虑的情况时,你的想法是什么?"

"我想到自己一定会死、会失控或有什么更恐怖的事情会发生……"

"除了半年前去马来西亚旅行那次被困电梯的经历

外,在更早之前有没有其他类似的经历?"

"没有,其实我一直都很快乐。我刚刚结婚,丈夫十分疼爱我。他不用我上班工作,所以我有空时便做义工,帮助其他人。生活可以说是无忧无虑、自由自在,没有任何生活压力。"我对自己有焦虑症也感到很奇怪。

"我想了解你更多的成长背景。"

"好。听祖父母说,我出生后不久便跟他们一起住。他们照顾我的起居,接我上学放学。虽然我自小没有父母的照顾和陪伴,但我没有因此而不开心,因为我有疼爱我的祖父母。我跟他们一起住、一起吃,我活得很快乐。

"印象中,我很少见到父母,所以我对父母的印象很模糊,只记得见过他们打架,接着妈妈就离开了这个家,至今也没有见过她了。听祖父母说,父亲因工作关系,很多时候要在外地生活,所以也很少见面。以前他会经常回家探望祖父母，也会带很多玩具和食物回来。但是，自从他在外地组成了新家庭之后，我已经很少见到他了，一年也未必见到一次。我对父母的印象就只有这些了。

"坦白说，我没有因此而不开心。没有父母的啰唆，我反而觉得很自由。"

"明白……那学习上呢？"

"在学习上，我也没有太大压力。回想起来，我的小学阶段过得很开心。我不太喜欢读书，因为课文太难、太深，我也没有兴趣读。但是祖父母没有给我太多压力，只叫我尽力而为。我喜欢唱歌、画画和跟同学玩。在同学眼中，我是一个开朗、活泼和乐于助人的同学。我们经常一起上学和玩耍，生活过得既简单又快乐。六年的中学也是一样，我认识了很多朋友，喜欢做什么就做什么，就是这样开开心心地完成了中学课程，没有什么困难解决不了。"

"那完成学业后呢?"

"中学毕业之后,我踏入社会工作。第一份工作是在一家有名气的时装公司做售货员。上司和同事对我很好,他们都很乐意教我和帮助我适应新工作。但我做了一年就不再做了,原因是太辛苦,每天要站十多个小时,双脚和腰都受不了。接着我找了另一份工作,并认识了现在的丈夫。丈夫很疼爱我……"

"那么童年时有没有发生一些特别的事情?不论是快乐的或是不快乐的。"

"没有……不过……呀,你等一等……跟你谈及我的成长往事,我想起很久以前发生过一些事情,不知道是否跟我的问题有关。"

"好,想到什么就说什么,没问题的。你慢慢告诉我。"

"好。我记起在七八岁的时候,有一天学校放假,我不用上学。那个早上,祖母在厨房开炉火煲汤。她见我仍然熟睡,便没有吵醒我,希望让我多睡一会儿。然后,她跟祖父上街买早餐给我吃。由于她只打算到附近的店铺买早餐,预计很快便回来,所以没有关掉炉火。

"我们当时住在公共出租屋,没有房间,我睡的床就在客厅的一角。突然,我被一股烧焦的味道呛醒,揉了一下眼睛,睡眼惺忪地看到厨房的瓦煲和火水炉烧着了。我当时很惊慌,四处张望也找不到祖父母,便只是坐在床上大哭。厨房的烟越来越大,渐渐飘到客厅中。我慌忙躲入衣柜并掩上柜门,只留下一条缝隙盯着外面的情况。由于烟越来越大,我最后只好把柜门完全关上。在衣柜内,我十分惊慌,并感到很热、很闷,呼吸困难,但又不敢打开柜门。我不停地哭,很害怕,当时真怕就这样闷死在衣柜内。后来,祖父母回到家,消防员到场把火熄灭……"我把整件事告诉临床心理学家。

终于找出惊恐的缘由……

我差点把这件事淡忘了,但现在描述起来,仿佛仍有那种呼吸不顺畅的感觉……

临床心理学家告诉我,原来那次火警引致的焦虑、惊慌感觉一直都未消化,埋藏在我心里。虽然事情好像已被忘记了,但是那份感觉仍然在记忆中。所以,每当我去到一个令我感到闷、热、呼吸不顺畅的地方(即类似那天火警发生时的情况，如被困在车厢、电梯或狭小的房间内），那种惊慌、不安、焦虑、失控的感觉就会再次来袭。

现在，我终于明白其中的原因了！明白了，自然也舒服了很多，有信心去解决问题！

临床心理学家通过催眠治疗让我慢慢学会深层的放松。经过数次治疗后，我感到放松已成为我生活的一部分，令我身处一些曾经使我感到惊慌的环境也可以保持放松状态，例如在狭小的房间内、昏暗的餐厅等。除此之外，我的思维也在治疗中改变了不少，变得更加客观和合理，原本乐观的我变得更加正面，看事物看得更开阔和通透，情绪也随之变得更加轻松。无论身处什么地方，哪怕是人多局促的地方，我也不受影响。

治疗最重要的一部分，是帮我将内心埋藏良久的焦虑和惊恐（那个儿时的经历）消化掉。现在当我谈及那件事，心里已没有那种恐慌，事情真是过去了。原来当我能放下内心的包袱，是那么舒服和轻松。我恢复了自信心和自我掌控的感觉,真正无忧无虑地生活了。

至于那个手术,当然不再担心了。

我的幽闭恐惧症和惊恐症就是这样被解决了。

不容自己有失的妈妈

> 飞机在飞行途中是否会有意外发生?十多年机龄,会不会有危险?假如有意外,那么我的家人由谁照顾?我的工作由谁处理呢?我什么也没安排好!

"老公、紫欣,我今天中午已经帮你们收拾好行李,你们快些看看,检查一下是否有其他东西忘记放入行李箱。"我在厨房向正在大厅看电视的丈夫和女儿催促着。

隔了一会儿,当我从厨房端出饭菜放在餐桌上时,看见打开的行李箱仍在地上,心里顿时火冒三丈。

"你们怎么还不动手?过两天一早要到机场办登机手续呀。你们是不是要到了机场才告诉我'妈妈不得了,我漏了什么什么……'到那时你们自己回家取,我和飞机不会等你们的!"我带着一腔怒气说。

"老婆,又不是第一次去旅行,不要那么紧张。就算忘记带东西,也可以在当地买。我们又不是去沙漠、去什么蛮荒世界。轻松点,我们是去玩啊……"丈夫仍悠闲地坐在沙发上看电视,慢条斯理地说。

"妈妈,深呼吸……放松……爸爸说得有道理。去旅行是为放松身心,不是要增加自己的压力。照我多年来的

观察及分析,你旅行时好像比上班时还辛苦。"紫欣收起她平时那份稚气,装作一本正经地说。

"真给你们气死了,哈哈……"女儿忽然变身临床心理学家,看见她那一副老成的模样,我忍不住笑了出来。

这个情景差不多在每次外出旅行前都会出现。家人眼中的我就是一个典型的"紧张大师",对任何事都很紧张,要预先安排妥当才安心。我催促他们收拾行李只是其中一个例子,每次去旅行前我都会做足准备,例如在出发前数天,我会把行李收拾得妥妥当当。而且,无论出游多少天,我都会带齐所有日常用品和一大包药物。总之当我想到在旅程中有机会或有可能用到的东西,我都会带去。我的朋友和家人都知道我有这个习惯,他们经常说:"你连指甲剪都要带去旅行?!你在家一个月都不知道会不会用上一次,现在只去旅行数天,你觉得这几天不剪指甲不可以吗?"

他们的想法,我完全明白,但我心里会想:"带了我会心安一些,而且一个指甲剪又不会占很大空间。"就是这样,即使去旅行几天,我的行李也一定比别人多。

其实,不单是指甲剪,面膜我也带够了片数,因为我怕机程太长或因睡眠不足令皮肤变得干燥。然而,我平时一个月都用不上一片。我就是这样,常要准备充足,防患于未然,才有安全感,最怕的是要用的东西没有带在身边,心里就会不舒服。我极不喜欢那份不安稳、不妥当的感觉。

不容自己有失的妈妈

然而，收拾行李并不是我最烦恼的事，每次离开家最令我苦恼的是乘飞机。

我有飞机恐惧症！这个问题已困扰我很长一段时间……

我相信大部分人一提起乘飞机，都会相当兴奋。我的女儿也不例外，因为可以吃飞机餐和去旅行。但对我来说，刚好相反。我很怕乘飞机。如果有其他交通工具可选择，例如搭火车或船，就算行程需要更长时间，我也会毫不犹豫地放弃乘飞机。为什么？因为我怕有意外。你可能

会问："火车或船都可能有意外发生呀？"没错，所有交通工具都有可能发生意外，我明白的。但是，飞机在高空出事一定没救了，公共汽车或火车出事，乘客有可能只是受伤，尚有生存的机会，这对我来说踏实一些。

可能你会觉得我怕乘飞机一定因为我怕死。坦白说，我并不怕死。我明白生、老、病、死乃是人之常情。死，在有准备和安排妥当的情况下是没有什么可怕的。假如我有重病，我可以有时间跟家人交代一切，完成所有未完成的事才死，那就不用怕了。然而，如果我乘坐的航班在飞行途中突然遇到意外，那我一定没有机会生还。而我在没有任何准备下突然在人间消失，什么也没安排和交代清楚，那么我的工作由谁去处理？公司没有人管理，客户签了的订单又如何呢？我的家庭由谁去照顾？丈夫能否支撑整个家？女儿年纪还小，没有一个完整的家庭是否会影响她成长？而我的父母由谁去照顾呢？我还有很多事情没处理……只是怕万一，假如我这样死了……想到这里，就感到万分担忧和不安。

何况每次乘飞机，不知何时会遇上气流，不知何时会遇上意外，任何事情都不受自己控制。那种不受自己控制的感觉令我很不安、很不舒服。基于这个原因，每当听到丈夫和女儿兴高采烈地商讨去哪里旅行时，我就开始担心、恐惧和不安。我不敢跟他们说我有这种恐惧，一方面怕他们担心我的健康状况，另一方面怕降低他们去游玩散心的兴致。难得一家人外出旅行，我不想扫兴。

今年的家庭旅行又令我万分紧张和担忧

"紫欣，你看看这是什么？"丈夫下班回来，手上拿着旅行资料开心地说。

"哇，是行程单！太好了！这次去哪里？"紫欣兴奋得叫了出来。

"你说过想去新加坡，那这次就去新加坡。爸爸是个有信用的人，答应你的一定会做到。所以，今天下班后就立即去订了机票，拿了行程单回来。"丈夫抱着紫欣坐在沙发上，一起看行程单。

我在厨房听到丈夫的话，立即有些担心："唉！又要乘飞机，这次又不知要坐多少个小时了。"

晚上，等丈夫和女儿睡着，我在客厅打开电脑，浏览航空公司的官网，搜寻我们搭乘的航班是哪一型号、是旧机还是新机。除此之外，我也浏览了一些飞机发生意外的新闻，查看哪家航空公司和哪类型号的航班发生较多飞机事故，而我们所选的航空公司和飞机型号又是否安全，等等，所有相关资料我都绝不放过。

虽然我最后找不到资料显示我们将搭乘的机种曾发

生严重意外,但心里的不安感并没有因此而减退。我只想着:"找不到资料,可能因为有些意外没有新闻价值或不算严重吧,所以才不被报道……"接着,我又会想:"飞机一次意外就'玩完',无论大的或小的意外都不可以……我还有很多事情未处理、未安排及未交代清楚。所以,我一定不可以有事……"

有时,我又会研究坐什么位置会有较大的生还机会,如机头、中间或是机尾位置,总之想尽办法希望避开危机,但是愈想就愈惊慌,愈觉得整件事我难以控制或预防。

"老婆,那么晚,你还不睡?"丈夫睡眼惺忪地看着我。

"再看一会儿就睡,你先睡吧。"我轻声地说,怕吵醒熟睡的紫欣。

丈夫去完洗手间便返回卧室睡了,而我就继续看资料。其实，找不到飞机出事的资料应该是件开心的事，因为这代表我们所选的航空公司很安全。但我往往把事情看得太负面，只会越看资料越害怕，越害怕越是胡思乱想。当出发的日子越来越近，我就越焦虑，每日都看新闻报道，特别留意是否有飞机出事。

出发前一天……

终于到了出发前一晚，我整晚辗转反侧，合不上眼。心里只想着："明天是否是好天气呢？今天好像有些厚云层，明天是否会下雨？今天看过气象台网页，预测明天部分时间有阳光，间有骤雨，这是否会影响飞机起飞？途中是否会遇到气流……"

接着，我又想："假如我们遇到意外，那么年老的爸爸妈妈由谁照顾……我的公司还有很多事没来得及处理……不可以，不可以有意外的……"

我不停地胡思乱想，越想越担忧，甚至有一刹那想到:"如果明天我出发时肚子痛,不能出发……这是否会好些……"当然,那只是一刹那的傻念头,我并不会这样做。安静下来的时候,我知道我的担忧实在太多了。

整夜也不能入睡,看着身边的丈夫呼呼大睡,我真是打从心底羡慕。

"为什么他可以没有任何忧虑,可以经常保持轻松,而且,每晚都可以倒头大睡?"我心里边想边望着漆黑一片的天空渐渐露出曙光。

终于,出发了……

一大清早,我们出发到机场。我装作若无其事、很开心的样子。我带了耳机,口袋里还放了两粒安眠药,以防万一。不到必要的时候,我一定不会在飞机上吃安眠药令自己入睡的。因为,这始终是不健康地处理我的焦虑的方法。而带齐所有"预防物品"在身,我总会觉得安心一些。

到了机场，我们到航空公司的柜台办理登机手续。站在柜台前等待托运行李的时候，我开始感到有些不自在和坐立不安。为了不被丈夫和女儿发现我的问题，我刻意到机场的商店逛了逛，一方面希望可以转移自己的注意力，不去无谓地担忧；另一方面希望这样可以消耗体力，以求登机后能入睡，没那么多精神去胡思乱想。女儿拉着丈夫的手，兴高采烈地在机场蹦蹦跳跳。

登机了，我的座位是靠近走廊和逃生门的。我刻意选了这个位置，因为空间较宽敞，压迫感没那么大，感觉舒服一点。看见指示灯亮起，提醒乘客扣好安全带，以及听到引擎开动的声音，我知道飞机准备起飞了。我开始感到很紧张，心跳加速。我坐在椅子上把安全带扣得紧紧的，双手握紧椅子，整个人都不能放松。飞机终于冲上天，那股离心力令我的心口好像有什么东西压着似的。我感到呼吸有些困难，心跳得越来越快，手也在抖，整个人十分惊慌。

我连忙戴上耳机，听着佛经，努力集中精神回忆佛经的内容。随着飞机的航速开始稳定,过了一会儿,心情便稍为平缓,没之前那么紧张和恐慌了。丈夫跟女儿在座位上玩游戏和说笑,我已没有心情加入了。我只是听着佛经,合上眼休息,尽量不去胡思乱想。

正当心情略为平静的时候,飞机突然遇到气流,机身震了两下,并且有下坠的感觉。我的心怦怦地跳,整个人再次紧张起来,双手握紧椅子,口中念着佛经。

"不会就这样玩完吧!我还有很多东西没办妥、未安排!阿弥陀佛……救苦救难……"那些不好的念头不期然地涌上来。

"妈妈,你在做什么?"女儿看见我口中念念有词,好奇地问。

"没什么,妈妈只是唱唱歌、做做运动,因坐得太久了,想松一松手脚。"我装作若无其事地回答。

过了一会儿,飞机又恢复稳定。这种情况在三小时航程中出现了数次,我真是十分害怕,心里只希望快些到达目的地。当飞机安全着陆的时候,我终于放下了心头的大石,松了一口气。

开开心心地跟家人玩了五天之后,回程时又开始了另一轮挣扎。唉!这个问题已存在多年,近几年越来越严重。我以前一直都不怕乘飞机的,我可以大胆地说,"因为工作的关系,我以前乘飞机的次数比乘巴士还要多",但不知为什么现在会那么怕乘飞机!

从前的我乘飞机如乘公共汽车般轻松

我中学毕业之后在一家贸易公司工作,只做了半年,因为我觉得文职的工作较为沉闷。于是,我转到一家卖丝绸的出入口公司工作,那是我开公司前的一份工作,在那里工作了十多年。犹记得初入职时,我常跟一位资历较高的同事到不同国家进货和见客户,工作很新鲜,极富挑战性;加上当时年纪轻,有体力又不怕辛苦,老板叫我做什么便做什么,同事教我什么便学什么,完全不计较,只管努力学习,对工作充满热情。

我很喜欢那份工作,不但学到很多书本以外的东西,还能到一些自己从未到过的国家增长见识。无论飞去哪里(欧洲或是亚洲),都寓工作于娱乐中,相当开心,并且认识了很多不同国籍的朋友,部分更成为我的好友。当时最高纪录是一个月内离开家两次,例如星期一飞去瑞士,留在当地约五日,然后回家,休息两三日后便飞去德国,从不觉疲倦,也从没有害怕乘飞机。在飞机上,我会看书或用电脑工作。

那份工作除了可以让我到处去长见识之外，薪金是另一个吸引我的地方。当时我想趁年轻努力多挣点钱，给父母换一个较舒适的居住环境，以及把自己将来的生活安排得好一些。

不知不觉在那家公司做了十五年，由跟着有经验的同事飞去外国工作到独自外出，由飞去国内至飞去较远的欧洲，那些年累积了很多宝贵的经验。后来因为老板一家移民，所以把公司注销了。刚好在那十多年我存了一点钱，对这行业又颇熟悉，适逢时机，于是决定自己开公司。上司也毫不吝啬地把公司的一些客户介绍给我，令我开业的时候不太困难。

开始自组公司及组织家庭……

公司起初的规模较小，为了节省开支，不敢聘请太多员工，所以事事我都会亲力亲为，一手包办，比以前打工还要尽力和认真。我飞去外国洽谈生意的次数也比以前多，一个月差不多只留在家一个星期。计算起来，我住酒店的日子比住在家里还要多，见客户的时间比见父母还要多。那些日子不停地飞，确实令我有些疲累，对乘飞机开始有些厌恶，但当看见公司的生意渐渐稳定，任何辛劳都会抛诸脑后。

四五年后，我在朋友的介绍下认识了丈夫，两年后我们结婚并且生下了紫欣，一家人生活愉快。在那几年间，我公司的规模比以前大了一些。虽然员工多了些，但我出差的时间没有因此而减少。因为公司各方面的开支多了，加上部分员工还没有经验处理一些大客户，所以我自己跟进会放心一些。

虽然经常外出工作，但有自己的公司之后，我每次出差总是不放心，总会担心："我不在公司，员工是否能应付工作呢？如果有意外事件又是否懂得处理呢？"

到结了婚及紫欣出生后，我又会挂心家庭，每一次听到手机响都会很紧张，怕公司或家里出了什么问题。

犹记得有一次，当时紫欣只有两岁，我在德国，深夜的时候，接到丈夫的电话："老婆，你知不知道黄医生（家庭医生）的电话号码？我找不到他的名片。"丈夫声音有些紧张。

"发生了什么事？"我听着也紧张起来。

"囡囡吃了药还没退烧，明早我要带她看医生，所以我要找医生的电话和诊所地址。"

幸好我习惯把所有重要的电话都存入手机，我立即告诉丈夫诊所的电话并叮嘱他如果情况严重要去看急诊。

老实说，我当时真是担心得要命，恨不得立即买机票回去。幸好，完成工作回家后紫欣已退烧了。

自此之后，每当我去外地出差，我都会跟丈夫交代一切，并把要注意的事项写在冰箱的白板上（例如，医生的电话号码和诊所地址、公公婆婆或姑妈的电话号码，以便有需要时可以找他们帮忙;冰箱里有什么和哪些要在最佳食用日期前吃完;每晚要倒一杯奶给紫欣喝再让她入睡;等等),以免再有上一次的慌乱情况发生。

心理压力越来越大,生活担子越来越重……

不知从何时开始,每当乘飞机外出工作,就有一种心理负担和莫名其妙的担忧,并且会有一种想法:"飞机是否会出意外?我会不会死?假如我死了,没有我在他们身边,公司和家庭会如何……"想到这里,我感到很惊慌,要实时叫自己"停",不再胡思乱想。

有一次乘飞机去荷兰出差,飞机在飞行途中突然遇到气流,那次真是怕得要命。情况是这样的:当时大家正在吃飞机餐,突然遇到气流,整架飞机摇晃不定,跟着急速下坠。机上乘客很惊慌,有些人大叫起来,我看到自己那个盛载食物的餐盘从桌面弹起,也怕得要命。而空姐也赶紧找个座位坐下来扣好了安全带,我真以为会就此没命。大约二十分钟后,飞机才稳定下来。过了一会儿,我们才听到机长的广播,得知刚才遇到大气流。自此之后,我更怕乘飞机,更怕遇到气流。

曾经想过把大部分工作交给下属处理,我便可以有更多时间陪伴家人。但仔细一想,我又怕下属对公司工作不够积极,最终影响生意及收入,因为除了公司的正常开支外,家庭开支也不少,例如女儿的补习费、户外活动费、学费,父母的生活费,供楼贷款等,每个月公司所赚到的钱,都会分发到各样开支,七除八扣,存起来的真的不多。

丈夫是自由职业者。他独自经营一家小型地产公司,没有其他员工。他的收入不太稳定,经济好的时候,收入可以很多,但当经济下滑时,可能一个月也做不到一单生意。近几年,社会的经济欠佳,加上很多生意都被大的地产公司垄断,所以有一段时间他没有收入,家中的各项开支全依赖我公司的收入。所以,每个月初,我都会担心公司这个月的生意额不能达标。到月末的时候,我应付了各项开支之后,又开始担心下个月的生意额。担忧,担忧,再担忧,每个月都是如此。

丈夫在空闲的时候(当他的地产公司没有生意的时候)也会到我的公司帮忙,我曾经跟他提议:"老公,不如关了地产公司,全力帮我,那么我公司的规模可以再大一些,然后请个员工飞欧洲线,一方面可以替公司多挣些钱,另一方面我可以减少出差。"

"地产公司是我的心血,虽然生意一般,但现在每个月都有钱赚,我想再试下,再给我几年吧。你放心,我一有时间就会到你的公司帮忙。"丈夫显得有点犹豫。

听到丈夫这么说，我也明白他的想法。唉，没办法。我只好继续努力，继续我的担忧。然而，我的问题越来越严重，有时我只是离开家数天，也会担心公司和家人的情况，要将一切安排妥当才安心。我有很多担忧，有很多事情放不下！还有，我真怕乘飞机，但又要飞……别人又怎么会明白我的担忧。

终于见临床心理学家，解开心结……

在朋友介绍下，我找了一位临床心理学家，尝试接受心理治疗。

我把多年来的问题、所有担忧都毫无保留地跟临床心理学家倾诉。有人聆听心里话，自然舒服一点。临床心理学家听完我诉苦之后，她帮助我慢慢了解了问题的根源。原来，我的飞机恐惧症跟我的生活压力有很大关联，加上那次飞机遇到气流的可怕经历，令我害怕再乘坐飞机……

我一直以来都察觉不到生活有压力，我只知道每样

不容自己有失的妈妈

事情，不论工作上的或家庭上的都要做到最好、安排得最好，不想有任何错漏。为此，我不自觉地越来越紧张。就像去旅行数天，我也要带上所有生活所需，包括不太常用的指甲剪。我只想着："既然做得到，有时间有能力，那就做好些吧！"就是这种心态，我渐渐把所有包袱和责任都扛在自己的肩膀上。一个人只有一双手和一个大脑，当责任越来越重的时候，做什么都要急和快，于是整个人越来越紧张，并且对自己的要求越来越高，这令自己承受很大压力。所以，我的家人和朋友都叫我"紧张大师"。别人很早就已经看到我的问题，但我自己却察觉不到，这就是自己的盲点吧！

为工作打拼了那么多年，我以为所有事情都可以凭着自己的力量控制自如，而且以为只要勤快一点，多做一点，就可以预防所有危机。所以，当我遇到一些不在我掌控之内的事情时，例如飞机事故，我便会很惊慌和不安。我真怕失控！

临床心理学家首先帮我消化那次在荷兰航程上遇到气流的可怕经历，令我藏在心里很久的惊恐得以抒发出来。当我不怕遇到气流，乘飞机的焦虑也减退了很多。除此之外，她还帮我在思维上做出了很好的转变。这点很重要，因为我一直以来的思维模式是引致我有飞机恐惧症的主要原因。

比如以前的我很想事事在自己掌控之中，但现在我明白世界上有很多事情不能由我控制，例如生命的长短，地球上每一个人都不能控制。既然控制不了，就要学习接受。宇宙那么大，总有它的运行规律，而我们人类十分渺小，很多事情是我们预计不到的。但是，世界上也有很多事情是由我们控制的，就像怎样活好每一天，既然不能预计将来，就不用花时间担心将来，倒不如把握宝贵的时间活在当下，享受每分每秒。这概念套用在我的生活中，即是与其担心明天能否照顾家人，还不如好好珍惜这一刻跟大家相处、见面、吃饭、说笑。今天仍能听到大家的声音……明天的烦恼就留给明天吧！

以前的我事事追求完美，可惜这个世界本身就没有完美这回事，更没有完美的人。我当时就是盲目地追求完美，最后换来的是"紧张"和"失望"。所以，现在的我已经改变，不再追求完美，而是学会欣赏自己、欣赏别人、欣赏生活、欣赏……很多很多。另外，我发现当我看透人生，眼前的世界也变得简单和美好。

我现在享受跟家人相处的每一分钟。无论在什么地方、正在做什么，我都乐在其中，拥抱现在这一刻，不在乎明天将会如何。就算明天是世界末日，也不能改变我这一刻跟家人相处的时光。而这一刻想做的事，我就去做！还有，我现在每一天都跟我的老爸、老妈、丈夫和女儿说"我爱你"，哈哈！

我现在已不怕乘飞机了，真真正正享受跟家人去旅行的时光。我会花更多时间陪伴家人和朋友，享受大家相聚的时刻。而且，我不再花时间担忧将来，追悔过去，因为我知道自己拥有很多，原来我真的很快乐，很有福气，真的不枉此生!

我就是这样克服了我的飞机恐惧症,重过快乐的生活。

害羞的女强人

> 我喜欢他,但又害怕跟他单独约会。因为我跟他相处时总觉得不自然。我觉得他一定认为我很"木讷""闷"……我相信在他眼中我不及其他女士那么吸引人。

"黄大文先生、陈小善小姐，请你们两位在大家面前郑重表明你们的意愿。黄大文先生是否愿意与陈小善小姐结为夫妇？"神父问。

"我愿意。"

"陈小善小姐，你是否愿意与黄大文先生结为夫妇？"

"我愿意。"

就这样，一对新人礼成，然后随着音乐步出教堂，场内响起一片欢呼声和掌声。接着，大家在草地上跟一对新人照相留念。我看见他们脸上充满甜蜜的笑容，也感受到他们的快乐，真替他们高兴！

这是我中学同学的结婚典礼，不知不觉我今年已参加了三个婚礼。看见他们那么快乐，我也羡慕……

"Mable，Mable……"忽然听到远处有人叫我，于是转头一看……

"Mable，真是你，很久没见了，你何时回来的？为什么不通知我？"Alice兴奋地走过来拉着我的手说。

"Alice，你好吗？真的多年没见了。我去年年底回来的，都有四五个月了。因为刚毕业回来，爸爸就急着要我到公司帮忙，所以没有时间跟老同学聚会。"我也开心地拉着她的手。

Alice是我读中学时认识的要好的同学，看见她挺着大肚、一脸幸福的样子，我不禁好奇地问："喂，第几个？"我指着她的肚子。

"第二个了，预产期是明年2月。"

"恭喜，恭喜！"我由衷地替她高兴。

"你呢，结婚没？"

"都没谈恋爱,没有人要我啊!你有没有好的人选介绍给我?哈哈!"我刻意说笑来掩饰自己的不自然。每次被问到这个问题时,我都感到有点压力和不自然。毕竟,自己都20多岁了,再过几年便到30岁了,是适婚年龄吧!

恋爱?我都想……

很多亲朋好友曾经跟我说:"Mable,你的样貌不错呀,学历又高,为什么到现在还没有男朋友?!不要那么挑剔了,年纪大了生孩子会很辛苦的。"

唉!其实不是我挑剔,我也希望找到一个我喜欢的男朋友谈恋爱,然后组成家庭,相夫教子。只是一直以来,我发觉我跟男士相处都有些困难……该如何说好呢?我发现我跟他们一起的时候,尤其是那些很活泼、很阳光且看上去出类拔萃的男士,我都会感到不自然,且经常有些想法出现在我脑海,例如,"我不及其他女士有吸引力,他怎么会看上我?""我根本配不上他。""他怎么会喜欢我这类型的女孩?"另外,我也深信他们对我的观感一定是负面的,例如觉得我很笨或者很"土气"等。加上我不知道在交流中如何反应及应对才是最恰当的,又怕自己说错话,所以我跟他们相处时往往表现得很沉默和拘谨,于是往往令对方误以为我很冷漠,拒人于千里之外。就算遇到心仪的男士,我也会因为这一问题而白白断送了可以进一步发展的机会。所以,至今我也没有男朋友,真是有苦自己知!

其实,我在澳大利亚读大学的时候,身边都不乏追求者,而且也遇到了自己心仪的对象。我曾经鼓起勇气应约,但是在约会的过程中,我紧张到心跳加速和不停流汗,又很怕被对方察觉到我的紧张。如果被对方看到我的行为那么古怪,那就十分尴尬了。我曾有以下的不愉快经历……

读大学二年级的时候,我在一个圣诞派对上认识了一位高我一年级的学长。那位学长是我喜欢的类型,他的外表高大英俊,而且文质彬彬,看上去很有学识。我知道他对我也有好感。圣诞派对之后，他约我吃饭郊游。当天我花了很多心思去打扮自己，令自己看起来自信一点。我比约定的时间早到了十五分钟，希望有时间让自己冷静一下再见他，没想到他比我到得还早，于是我突然紧张起来，心跳加速。

"嗨……嗨！你好吗？"我十分尴尬地上前跟他打招呼，我感到我的动作有些僵硬，笑容也不自然。

"嗨！你好。我订了桌，不如我们到餐厅坐下来再详谈。"他展露阳光般的笑容，令人很舒服。

"好呀。"我笑着回答，但总觉得自己笑得很不自然。

我们选了一张靠近窗户的桌子对坐，我感到有些尴尬和不自然，我既不知道把视线投放在哪里才好，也不知道如何打开话题，只好一直望着窗外的风景。

"你喜欢这里的生活吗?"他用温柔的声音关心地问。

"都可以啊。"我简单地回了一句,因为怕自己说错话而失仪。

"我还记得第一年来读书的时候,有些不习惯,经常挂念家人……"他跟我分享他的留学生活点滴。

"嗯……"我听着,点一下头。

"第二年开始渐渐习惯了……"他继续说。

"嗯……"我觉得自己好像学生般留心听着,实在不满自己的表现。

"那你有没有想家?"他问。

"我……我有点。"我边说边拨弄头发,自觉有些不自然。

整个约会都是他主动打开话题，而我只简单回答一两句。其实，我不是想少说话，只是我不知道说什么，说多少，要说得多详细……想多说一些，怕他觉得闷；不说那么多，又怕他误以为我对他冷淡。真是不知如何是好！当时我只想着："我说话的内容是否显得我很幼稚呢？""我的表现是否不够大方得体呢？"整个过程我都很紧张和拘谨，越想表现得很享受这个约会，就越紧张、越不自然，跟着额头出了很多汗。因为怕他看到我这种情况，所以趁他望向其他东西时，我便拿出纸巾擦去脸上的汗水，心里担忧着："他是否察觉到我不断流汗呢？""他是否察觉到我有些紧张呢？"……越想越担心，开始有些脸红和不知所措。

回到宿舍后，我十分不开心，因为对自己这次约会的表现很失望。

自那次之后，当我在其他聚会上遇见他，我总会感到有些尴尬，不敢看他。我会想："他会如何看待我呢?""他会不会觉得我很怪、很幼稚,不够成熟呢?"当他向我微笑打招呼的时候,我又会想:"他对着我笑,是不是正在嘲笑我的害羞呢?""他早已看穿我跟男士相处时很紧张,现在是同情我吗?"

后续如何?当然他再没有约我单独外出了!我至今也不知道是他误会了我,以为我对他没有好感,还是他自那次约会后已经不喜欢我了。

唉,我每次都是这样错失良机。

相反,当我跟一些条件没那么优秀的男士相处时,我会自然和轻松一点。可能正因为这个,我过往两次恋爱都不自觉地选择条件没那么优秀的男士。

我那两次的恋爱经验……

我第一个男朋友个子比我矮小,他的父母早年移居澳大利亚,所以他在当地长大。我们在朋友聚会中认识了对方。他为人有礼貌且心地善良，跟他相处时我没有任何压力。我在他面前喜欢做什么就做什么，喜欢说什么就说什么，因为我知道他不会取笑我或对我有任何负面评价。虽然是这样，但他始终不是我心中所爱。跟他恋爱一年之后，我们便分开了。第二个男朋友是一位马来西亚留学生。他跟我同是主修工商管理，他很聪明，思想也成熟，但是英文不太好，家境较贫穷。最后因为我父母反对，加上他要回国，我们便分开了。

回想这两段过去，我跟他们一起时确实没有任何压力、拘束、紧张和不自然，因为我们的条件相近，甚至我觉得我的条件比他们好，所以我肯定他们不会批评我和看不起我吧！唉，我跟他们恋爱，可能只是因为我心理上感到较为轻松和安全吧……

其实，读大学时也有些情况令我相当紧张

我记得当时每天都很早到教室上课。为什么？因为……如果我进教室时看见一大半同学已经就座，我会立

害羞的女强人

时感到几十双眼睛望着我,这令我很不舒服和不自然。我不喜欢被别人盯着的感觉。

　　我的焦虑问题十分影响我的社交生活,所以在大学的时候,我很少参加课外活动,朋友亦不算多,只有两三个知己。我通常一下课就离开教室,然后到图书馆找资料或是回宿舍做功课,很少跟其他同学或宿友交流。我知道很多人觉得我冷漠。曾经有一位来自新加坡的同学跟我说:"没认识你之前,以为你很高傲,尤其是你不笑的时候。但了解你多了之后,又觉得不是这么回事,觉得你很友善和喜欢开玩笑。"我的外表总令人产生这些错觉。

我一直没有处理我焦虑的问题,直至我毕业后回到家乡……

大学毕业之后,我没有像其他留学生留在澳大利亚工作,因为爸爸想让我回家乡帮他打理公司的生意。因爸爸想让我对公司的运作多些了解,他便安排我跟一些经验老到的员工一起工作。我在公司什么都要学,什么都要做,即所谓"从低做起"。我有时要参加公司的会议,出外应酬生意的合作伙伴,去外地看货,入货仓点货……工作十分忙碌。

毕竟我是新人,所以每次外出见客户,都有一位资深前辈(在公司工作了多年的长辈)陪我,且大部分时间都是由他向客户解释公司的产品,而我只是从旁协助。但过了一段时间后,前辈开始渐渐地把工作交给我。到现在,就只有我自己一个人出外跟客户打交道或洽谈生意了。

提及见客户,我也会感到紧张和不自然,特别是遇到一些年轻有为或看上去人生经验很丰富的男士。我深信"他们一定觉得我很'小女孩'、经验不足、不够聪明……"或者"他们会怀疑我是否够资格跟他们洽谈生意"。当想到这些的时候，我又会很紧张，不停地流汗，这令我很尴尬，觉得自己很蠢、没有用。

就像上星期六，我向一位和公司合作多年的生意伙伴介绍新产品。由于我自知有焦虑问题，所以提早准备，熟读所有资料，希望可减轻焦虑。当日，我们相约在一家酒店的咖啡室见面。我带齐文件一早出发，在咖啡室等候了五分钟后，看见一位看起来很稳重和拥有丰富人生经验的中年男士迎面而来。

"你好，你是不是富盛公司的周小姐？"他有礼貌地问。

"是，你是梁老板。你好，你好！"我连忙站起来有礼貌地跟他打招呼。

"不好意思，我早上喜欢喝杯咖啡后才开始工作，所以我选了在咖啡室见面。这里的咖啡很出色，你可以试一试。"梁老板微笑着，表现很随和。

"好……好。"

他跟助手坐下，我们闲聊几句之后，我便开始向他介绍新产品。我边说边看着他的表情，以推测我所讲的内容是否合他的心意。当我看着他由微笑变成面无表情时，我开始有些担心，心想："我是否讲错了话或说得太沉闷呢？"我当时不知如何处理，只感到自己的紧张和心慌，我对自己说："不理会了，只好继续说吧！"我把背熟了的资料一字一句说出来，越说越口拙，而且越来越紧张，脸也有点烫，开始流汗。

过了一会儿，他突然打断我的话："周小姐，你上次已经把新产品的资料寄给我们，所以我对此已经很熟悉。我反而有兴趣想知道贵公司可以给我多少折扣？"

"……"我不知道如何回答，心想："糟糕了，没有问前辈可以给对方多少折扣，太少又怕对方觉得我们没诚意，太多又怕公司亏本。"我望着他呆了数秒。

"小侄女，不如你回去跟令尊商量一下，有消息再通知我。"说完，他便跟助手起身走了。

回到公司，我把整件事告诉爸爸，说罢被他教训了一顿。他说："你现在需要做的不是大学的发言陈述，在见客户之前要了解对方是一个怎样的人，他关注的是什么……"我只好低头默不作声，心里自责："又出错！我真没用！"虽然被爸爸责备令我很气馁，但是他说得没错，我的工作经验尚浅，要多磨炼和努力学习才会有进步。

坦白说，工作上的问题，我知道如何去学习及修正。但是，社交上的焦虑，我就不知道要如何处理了，这对我的生活有很大影响。正当我万念俱灰的时候，我终于决定找临床心理学家帮我，因为我不想再让那些焦虑影响自己在工作上应有的表现。当然，更不想影响我的人生大事。

见临床心理学家,得知焦虑跟成长有关

第一次跟临床心理学家见面,她跟我谈及很多问题,是我从未跟别人谈及的。过程中,我好像把自己过往的历史重新整理了一次,令我对自己和个人问题了解更多。我明白了我的焦虑跟我的成长背景有关。

我爸爸是一个很勤奋的人,他靠个人努力开设现在

害羞的女强人

的公司。他不但对自己要求严格,一直以来对身边的人也有相当高的要求。当然,他对我也不例外。我自小就知道无论做任何事都要尽力完成,这是我通过爸爸的教导和观察他的言行得知的。但是无论我如何努力去做,都达不到他的要求。我记得有一次在数学测验中取得90分,比之前进步了很多,我以为爸爸一定会为此高兴而赞赏我。想不到他看了测验卷后,只说:"还差一点……下次再努力些吧!你可以的。"在爸爸面前,我总觉得自己永远都是"还差一点",不够好。

我在老家读完初中之后,爸爸便决定送我到澳大利亚继续求学,因为他想让我学习独立,磨炼自己。如果你问我当时是否想离开家乡到外国读书,我的答案一定是"不"。如果我可以选择的话,我一定会留下来,原因是我已适应了在就读的女子中学学习,而且认识了一帮要好的同学。由小学六年级升到初中一年级,好不容易才不再有当初的那种陌生感,取而代之的是一种熟悉安稳的感觉,突然要离开,心里总有点不舍。但无论如何不舍,我最后都要听从父母的话离开家。

一个人到澳大利亚后,我住在寄养家庭,起初不太习惯,每晚躲在房里想家,一想到家乡的生活便哭了出来。这种情况足足维持了一个月。

我就读的那所中学,大多数是本地生,海外生只占少数。我的同学以男生居多,他们都很活泼和贪玩。最初,我跟他们很有隔膜,因为我的英文不太好,有时候听不懂他们和老师的话,再加上不习惯以英语表达,所以很多时候都难以参与他们的讨论,更遑论主动跟他们交谈。就算我敢主动跟他们打招呼,我也不知如何打开话题。所以,我在班中较沉默,总是一个人静静地坐在教室里。一到课间或午饭的时候,看见同学们聚在一起聊天、说笑和玩耍,我感到自己好像局外人一样。

老实说,我知道他们有时取笑我,因为我常看见他们望着我窃窃私语,有些则"小声讲大声笑"。曾有男同学当众取笑我英文发音不纯正。有些同学还会批评我木讷、不会笑，有些就觉得我很不友善和高傲。我不知如何跟他们相处，特别是那些男同学，在他们面前我感觉自己很呆板、很蠢、没自信。我不喜欢自己这样，很想融入他们的圈子，这种想法却往往令自己更加紧张。那几年的高中生活，就是在被排斥、被取笑和被误解中度过。短短三年，好像过了十年那么长……

我当时没有跟父母谈及我的困难，因为我能预计他们的反应。

话说回来，我小学和中学都是读女校，跟我相处最多的男性就是爸爸，而跟他相处的时间都离不开听他教导或训示。在不知不觉间我已经习惯只看到自己的缺点和不足，而优点或做得好的地方反而变得理所当然。渐渐地，我只会批评自己，却不懂欣赏自己。你可以想象，当你每天集中看自己有什么不足时，自然而然会觉得自己有很多做得不够妥善的地方。

爸爸之外，跟我相处得最多的男性就是学校的男老师。但是，我的女同学就不同了，她们敢参加联校举办的活动，例如跟某男校合办的话剧比赛、联校圣诞舞会等，所以有很多机会跟年纪相仿的男孩相处。而我，就只敢跟女同学相处。到了澳大利亚，虽然我跟男孩相处的机会比以前多，但如之前所述，全都是一些不愉快的经历。渐渐地，我已经没有信心跟男生相处。跟他们一起的时候，总想起他们对我的负面评价，好像有很多声音在我耳边说："他们觉得你没有吸引力。""他们看不起你！"……到上大学的时候，问题也没有得到改善，我只是去避开所有

害羞的女强人

令我不舒服的场合。所以,我错过了很多表现自己和跟异性发展的机会……

回想那些校园往事,我对自己的问题有了更多了解,我终于明白自己自信心不足和害怕跟异性相处的原因了。

明白了,就要开始处理……

心理治疗令我重拾自信,找到个人价值,我感觉自己长大了……哈哈!治疗的过程是这样的:

临床心理学家首先帮我处理最迫切的问题,就是我那些"显而易见"的焦虑症状。因为我每一天都会接触异性,总不能常常在人前流汗、脸红,很丢人的。在催眠中,我学习了深层的放松和平静,令心境平静变成我生活的一部分。所以不论对人对事,我都可以保持应有的冷静和自然,不致紧张和出汗。这对我很有帮助,至少不会被别人发现我的焦虑和紧张。

身体的焦虑症状减退了一些之后，再修正我的思维模式，进一步令我冷静，因为我对自己的看法跟我的焦虑症有莫大的关系。临床心理学家帮助我回想成长过程中的一些往事，并且带我看到一些我忽略了的点滴……

例如，我记起小学时读精英班，成绩在班中数一数二……我会自行温习、做功课、收拾书包……老师很疼爱我，跟我要好的同学也很多。我当时的性格很开朗，喜欢跟同学说笑、分享小吃及玩耍……我也记起曾代表学校外出比赛，有朗诵比赛、书法比赛。虽然印象中没有赢得任何奖项，但我可以站在台上慢慢地把诗篇念出来，自觉有勇气，也有些才华……而且样貌也不错，爸爸曾经称赞我漂亮和可爱，哈哈……虽然在澳大利亚读书的前三年不太快乐，但是我能"挨过"那段艰苦的岁月，没有退缩……我靠个人努力考入澳大利亚大学，也更懂得照顾自己，例如煮饭、整理房间，还能处理很多生活上的难题……由最初不习惯到最后完成大学课程，取得一级荣誉毕业证书……

当我在治疗中记起那些往事之后,我察觉自己虽然年纪轻轻,但已有丰富的人生经验,例如曾在国外生活、遇到不同的人、有很多的人生际遇等。原来我也有我的价值和宝藏!我明白每个人都有自己的特质和优点,开始从多角度了解自己。我重拾以往的动力和自信,有股冲劲要做回自己。

临床心理学家还在治疗中帮我消化了一段不快乐的经历,就是那三年在澳大利亚读高中的生活。她带我从一个客观的角度分析事情,让我明白同学当时年纪也很小,他们未必有足够的能力理解别人的感受,特别是理解来自另一个国家的人。而他们说的话只是反映他们的思想不够成熟和视野狭隘,所以不是我有错,我反而看到自己的应变和适应能力真是很强(自己赞自己,哈)!文静不是一个缺点,只是一种性格;不善于社交,不等于犯错。每个人都有自己结交朋友的方式,有些人会热情一些，有些人会慢热一些，无论如何，最重要的是真诚。消化了内心的一团闷气，整个人舒服了很多。我明白他们只是我人生旅途中的过客，在旅途中无论遇到什么事情，快乐的或不快乐的，都为我带来不同的收获，这是人生的成长历程。

在这个治疗过程中，我学会了很多书本以外的东西，对身边的人和这个世界有了更多了解。

至于和异性相处，我已经懂得如何处理。除了放松心情之外，我学会了尊重自己和欣赏自己。我明白了，一段男女朋友的关系能否持续下去，在于大家在过程中能否互相了解、尊重、包容和爱护。一段感情能发展下去，大家总有互相吸引和欣赏的地方，不是只靠外表或家境。我要做回自己而不是花尽心思去讨好对方，坦诚相处是很重要的。我经常提醒自己，做回一个独一无二的我是最重要的！

想通了后，我开始约会了，是跟我喜欢的男士约会。

我没有以前的焦虑了，能持有一颗平常心。我觉得男女之间，就算做不成情侣，也可以做朋友吧。对感情，我看轻了，反而来得轻松！

我就是这样处理了我对恋爱的焦虑。

迷失了的年轻人

> 我很怕坐过山车。当我坐上过山车，放下安全栏后，便感到胃部有东西压着，很想呕吐，但又怕被朋友取笑。真不知如何是好。

大家好，我是亚超。我于数年前在加拿大读大学时遇到一个小意外，万万想不到因此患上了焦虑症。幸好当时懂得寻求心理治疗处理问题，才重新过上正常的生活。事情的经过是这样的……

我和几位好朋友到一家餐厅吃自助餐庆祝考试完毕。我们尽情畅饮，大吃生鱼片、寿司、海鲜、牛排等。大家有说有笑，十分快乐。两个小时后，大家吃饱离开。

我们登上一位朋友的私家车准备返回宿舍。由于我高大肥胖，所以选择坐在司机旁。可能吃得太多的原因，当我扣上安全带的时候，感到心口和胃部有被压着的感觉，有点不太舒服。虽然如此，我总要扣上安全带，否则朋友就不能开车了。

车开得很快，窗外的风迎面吹来，冲着我的鼻子，令我感到呼吸有些不顺畅，加上安全带紧紧地压在身上，胃里的食物好像被推到喉咙的顶点，有些想吐出来的感觉。车一直高速行驶，当差不多到达一个路口时，突然有辆货

迷失了的年轻人

车驶出来。朋友见状，立即踩刹车，我们统统冲向前，幸好扣着安全带，不致在车内东倒西歪而受伤。如果朋友不是及时刹车，相信我们的车会跟货车迎面相撞，那后果就不堪设想。

虽然幸好没有发生严重车祸，但是那一下冲力令安全带把身体扣得更紧。我顿时感到心口和胃部被重压，很想吐。于是，我立即冲出车外，把刚才吃的统统呕吐出来……

意外之后，我以为自己没受什么影响，但我错了。

数个月后的学校假期,我跟几位朋友吃过午饭后,一同去主题乐园玩过山车。当我坐上过山车并放下安全栏时,突然感到胃部有被压着和想吐的感觉。我当时有些奇怪,因为那安全栏跟我的身体仍有一些距离。由于过山车已准备开动,我不能离开座位,只好硬着头皮装作若无其事。当过山车开动冲上半空的时候,我感到阵阵凉风吹来,那种想吐的感觉就更加强烈,而刚才吃的午餐好像已到喉咙的顶点。我感到十分紧张和不适,无奈只好忍着,因为我不想令朋友有任何误会,以为我怕坐过山车。

过山车不停加速、减速、冲前、退后、忽高、忽低……整个过程于我而言实在很辛苦,心口和胃部好像反复被压着,很想吐,我心想:"我之前不是这样的,越刺激的游乐项目,我越感兴趣。但这次有些奇怪……"好不容易才等到过山车停下来。离开座位之后,我借口"刚才喝了太多水",立即走去洗手间吐,真是十分尴尬。十分不想让朋友知道我因玩过山车而呕吐。他们知道的话一定会笑我:"不是吧?你连这都怕。"

迷失了的年轻人

当我冷静下来的时候，我想起这种痛苦的感觉好像似曾相识，我想起，就是那次险些撞车的经历……

自此之后，每当我玩游乐项目或乘坐私家车时，我都会十分紧张，并且有想吐的感觉，特别是当有风扑面吹来时，这种感觉就更加强烈。最糟糕的是，这种不安和紧张很快就蔓延到我乘其他公共交通工具时也是如此。

交通意外的后遗症……

我一直以来每天上学都是搭公共汽车的，自从有这种不舒服的感觉之后，便怕搭公共汽车了。

今年，我的课都排在下午。每天吃完中午饭后，我便搭公共汽车上学。但自从有了这种不适的感觉之后，我在公共汽车站等车的时候就已有想吐的感觉。上车后，我会选择坐最后一排的座位，因为万一要吐的话，也未必有人看见，那就没有那么尴尬了。每次搭车我都很紧张，特别是当有风吹过来、车速快或车摇晃的时候，我都感到不适，很想快些下车。情况最严重的时候，洗澡时花洒的水打在胸口上也想吐、一吃饱就想吐……整个人好像没有灵魂一样。由于怕搭乘交通工具，我连上学也不敢了。情况最坏的时候，我连续有三四天不能上学。我曾经寻求学校辅导员的帮助，她教我分散注意力，之后我尝试在搭车时用这种方法，情况好了些，但效果始终不是太长久。

数个月后，学校开始放暑假，我决定买机票回家乡短暂休息，一方面想探望家人，另一方面希望换一换环境令自己忘记那种不适的感觉。回家乡后，我约老朋友吃饭游玩，希望放松心情，令身体情况有所改善。有一次朋友约我到主题公园玩，虽然有些担心，但我想看一下自己的情况是否有改善。可是，我一坐上过山车，那种紧张和想吐的感觉又出现了。我知道自己的情况没有改善。困扰了一段时间后，我决定跟家人谈及我这个问题。他们建议我找专业人士帮忙。虽然我从未接触过临床心理学家，也不知道心理治疗是怎么一回事，但我决定试一试。

见临床心理学家，希望短时间内处理好问题

"那就试一试吧！这是我最后的办法，如果不成功就算了！"我心里这样跟自己说。于是，我找了一位临床心理学家。还记得在第一次见她时，我跟她这样说……

"心理医生，不好意思，我还有两个多星期就要回加拿大读书，我知道时间上颇为紧迫，你可否在这么短的时间内处理好我的问题？"

"你的问题不算太复杂，尽量吧！你在这里能做多少次治疗就做多少次，希望在你回去前把问题处理好，大家努力合作。"听到临床心理学家这样跟我说，我安心了一些，但仍担心如果医不好该怎么办。无论如何，我都要试一试。想不到通过两个多星期的治疗，我的情况便有所转变。

我还记得在首阶段治疗的感觉……

在第一次治疗的时候,临床心理学家帮我做催眠治疗。在这个过程中,我是有意识的,我只要专心听她说话及尝试想象她所讲的内容便可以。就是这样,我渐渐地感到很放松,好像有股清新的空气在身体内,把整个人清洗干净……把所有不适的感觉冲走……在完成那次治疗之后,我感到很舒服,整个身体特别是胃部,没有了之前那种"胀着"和"顶着"的感觉,好像把所有令我不舒服的"气"排了出来。这是自从我有焦虑症以来,第一次感到那么放松。

进行了第二次催眠治疗后,我感到我的肠胃比之前更舒服,好像有股清新的空气把肠胃冲洗干净了似的,有种清凉的感觉……好像瘫在沙滩上,饮了一杯冷饮,很舒服,很放松……把所有的胃气全部排走了……

临床心理学家让我明白,我之前那么痛苦,是因为心理上仍然记着那次惊险的交通事故和那种不舒服的感觉;心理上常有一股"气"困在胃内,常记着那种被压着的不适感。所以,当遇到类似的环境,例如在车厢内、有风迎面吹来、有水打在胸口、吃得很饱的时候等,我都会有那种"胀着"和"顶着"的感觉。原来,我在不知不觉中已经把"压着的感觉"跟"呕吐"扯上关系,并且延伸到其他类似情况。治疗就是让困在我心里的"气"大口地呼出来,令我记得的不是体内那种"压着的闷气",而是一种"舒服""清新"及"通爽"的感觉。

当我感到肠胃舒服了一点,便进入第二阶段的治疗

催眠时,在深层的放松下,临床心理学家带我回想搭车时的情景……过程中,我有种凉风吹来的舒服感觉,我对风和搭乘交通工具的负面感觉渐渐减退。我明白临床心理学家帮助我把"坐车""风吹"跟"放松"联系起来,用一个正面的感觉取代以往不舒服的负面感觉。

在临床心理学家的鼓励下,我开始每日上街搭交通工具,并且做一些记录,看看自己搭车的情况。我尝试把在治疗中学到的在生活中去实践,我开始感到自己没有之前

那么害怕和痛苦了,甚至我一上车就自然地感到像在催眠中那样舒服自在。

临床心理学家把我这一个多星期搭车的正面经验放在催眠治疗中,令我清晰地看到自己的进步,继而对自己康复的信心大增。

当我对搭交通工具重拾信心的时候,心理上已有了准备,于是我们开始处理对坐过山车的焦虑。临床心理学家在催眠中带我返回坐过山车的情境中……很真实,好像自己正在坐过山车一样……但是这一次是很放松和舒服的。渐渐地,我把坐过山车跟一些正面的体验联系起来……

有了信心之后,自然想试试自己是否真的克服了恐惧,我刻意约朋友到主题公园玩。当日,我不但玩了很多游乐项目,还坐了过山车。我开心地把我的进步告诉临床心理学家,心想自己应该是"毕业"了——即完成治疗了。但她建议我如果有时间,多做一至两次治疗。我当时不明所以,但完成治疗之后,我便知道了个中原因。

治疗的最后阶段……

在进入这个后续治疗阶段后,临床心理学家通过催眠帮我回想起成长过程中一些正面和成功的宝贵经验,如做童子军、参加学校活动……

我记起,我在国内求学时期确实有一段十分开心的日子——就是在小学期间参加了红十字会。我在去加拿大读书前仍然参加该会的活动,不知不觉已参加了十多年。在那段时期,我不但认识了很多很要好的朋友,还获得很多徽

章，例如有关急救的徽章、领袖生徽章，等等。我更有机会参加义工活动，到海外一些较贫困的地方探访。我常常被老师和队友赞赏有领导能力，令我有很大的成就感。从活动当中，我发现自己有较强的组织能力、社交能力、表达能力……

"啊，原来我是那么有能力、有智慧！为什么我以前想不到！"这些珍贵的记忆在不知不觉间一一清晰起来，令我重拾成就感和满足感，更令我意识到自己的能力，对自己有更多认同感。我感到整个人都有了力量。

我终于明白为何临床心理学家在治疗的最后部分，要帮我找回那些我差点遗忘的宝贵记忆。在心理评估中，我曾跟她提及，我在搭车和玩过山车时很紧张，是因为我怕在人前出洋相，如呕吐，以致被取笑和被起外号。因为有这方面的顾虑，我在玩过山车时担忧不已。临床心理学家知道我是一个很爱面子的人，所以为了令我完全康复，她便通过治疗增强我的自信和自我认同感。

的确，一直以来，我很怕被别人看成弱者。小学时的我是一名肥胖儿童，而且高大，所以被老师选为纪律委员。小学生活尚算简单，我有很多真心的朋友跟我玩，且至今仍有联络。但升入中学之后，我因肥胖常被同学取笑，他们更在背后给我起外号。我记得初中一年级的时候很喜欢打篮球，他们因为我的身形不及其他同学瘦而拒绝让我加入球队。那时候，我常常被同学取笑和欺负。后来，有一次在忍无可忍的情况下，我反击把他们吓退。自此，我发现"恶"是保护自己的最好方法，不然，就会被欺负——这是我中学时期得出的结论。之后，我常在人前装作很威猛，好像什么也不怕的样子，长大了也是这样。所以，这次我患上焦虑症，除了家人，我没有跟其他人提及。因为我怕一直以来在朋友面前建立的"威猛形象"一扫而空，甚至落下话柄。我越怕让别人知道，我就越焦虑，越逃避去处理问题。

现在，我当然知道这个想法是错的。我明白我的成就感和友谊不是来自我那"威猛凶恶的外表"，而是来自我真诚、乐于助人的性格及卓越的办事能力。如今，我学会了欣赏自己的特质和强项。我也不介意别人如何看我了，因为真正的朋友是不会拿别人的弱点来开玩笑的。我重拾那份自信和踏实。这次我真的"毕业"了！

两个多星期后，我便要回加拿大继续求学，这次回去的不只是一个不怕搭交通工具和坐过山车的我，更是一个有自信的我。在这趟回家乡的"奇妙旅程"中，我处理了困扰自己多时的焦虑，更找回一个真正的我。我十分开心能做回那个独一无二的我。

我就是这样真真正正克服了我的焦虑症。

终日与厕所为伴的丈夫

> 不是不想外出旅行,但是……真是很怕在途中找不到洗手间。唉,我的担忧又有多少人会明白呢?

"一大清早只顾占着个厕所,你对着马桶的时间多过对着我。"太太在洗手间门外唠叨着。

"老婆,你又发什么牢骚?!"我在厕所听着太太这么说,知道她又想发脾气了,便尝试安抚她。

"你还没用完洗手间吗?时间不早了!"太太开始显得不耐烦。

"就快了,不要催我了!"我继续安抚太太。

"不是我想催促你,我们一早约了朋友远足,要别人等就不好了!你整日都要上厕所,仿佛外出前不上一次就不安心。到远一些的地方是这样,到近一些的地方也是这样,十多年来都是这样,根本就是你的心理作用……"太太继续唠叨着。

"……不是心理作用呀,我是真的要上厕所,所以我今天刻意早点起床……不用担心,我们有足够的时间,一定不会迟到的。我怕一会儿在街上拉肚子,找不到公厕就麻烦了。你也知道啦,郊外很难找公厕……"我尝试令太太了解我的担忧。

"怕、怕、怕,不如你背着马桶上街和工作吧!你想一想,因为这个问题,你什么地方也不敢去。你已经十多年没有和我外出旅行了,朋友问起我也不知道如何回答。别人以为我们的婚姻出了问题……"太太好像要借机把多年的不快尽情地倾吐出来。其实,这种情况差不多两三个月就会出现一次。

"可以啦……可以啦……我现在出来啦。"我能做的就是安抚太太的不满。

扪心自问,我也明白太太的不快,因为我真是很久没有和她外出旅行了。所以,每次她发牢骚时,我都会忍气吞声。她的性格很好,让她发完牢骚便没事了。

其实,我不是不想跟太太去旅行,我只是怕……怕在旅途中找不到洗手间。如果选择自由行,去到一个陌生的地方,人生地不熟,刚巧遇到腹泻的话,真不知哪里有洗手间可借用。如果跟旅行团就更加担心,因为旅行团的行程往往安排得非常紧凑,通常要一早起床吃早餐,一吃完就要立即上车,坐车时间又长,根本没有足够的时间让游客上洗手间。所以,万一在途中拉肚子就麻烦了,因为不是一个人的事,这会影响整个旅行团的行程甚至团友的心情。不是说笑,我曾经有过这样的经历,所以我害怕了。再说,这个原因很难说出口让人理解,因为非常尴尬。就算我说了,别人也只会觉得我杞

人忧天。他们不会明白万一遇着拉肚子而找不到洗手间的窘境。

其实,我之前不是这样的……

我本来是一个十分喜欢去游玩的人。现在回想,那都已经是十多年前的事了。

我跟太太结婚差不多三十年了,由于我们没有子女,所以生活上有较多时间做我们喜欢的事。最初,我们一有空便去旅行,有时我们两个人去,有时跟朋友一起去,每年差不多做两至三次短途或长途旅行。屈指一算，我们的足迹已踏遍东欧、西欧、北美……还有国内的九寨沟、黄山、新疆……哈哈。最难忘的一次是跟朋友去澳大利亚吃生蚝、龙虾，当地的海鲜比家乡的便宜和新鲜。回想起来真是很开心。那些年，无论到哪里旅行，我都不怕。

但是，近十年我的身体越来越差，特别是肠胃，比以前敏感了很多。虽然我每天吃的不是很多，但常感到肚子和胃胀胀的，好像有很多"风"在肚子里面似的，有时肚里还发出"咕噜咕噜"声。而且，每天早上起床用餐后，我都肚子痛。如果吃了生冷食物，情况更不妙。所以，我经常上洗手间。唉！年纪大了，机能也衰退了。我现在饮食上变得特别小心。例如，我已无可奈何地戒掉了以前最喜爱的冰咖啡。坦白说，我这样的身体情况，我还敢外出旅行吗？！

我记得有一年，我和太太参加一个日本团。那次经验真令我毕生难忘……

犹记得其中一天，导游安排我们到近郊的一家寺庙参观。由于车程较长，所以我们一行人在吃过早餐后，便立即上旅游车出发。到中午，参观完寺庙，我们被安排到一家日式餐厅吃午饭。我吃了些生鱼片和寿司，可能因为吃了生冷食物吧，在回程途中突然感到肚子不适，要上洗手间。但我们在高速公路上，别说找公厕，连停车也成问题。在忍无可忍的情况下，我最终请求导游和司机想办法中途停车，并帮忙找洗手间，全团的团友则要在车上等我。耽搁了他们的时间，真是尴尬。因为不想再有同样的事情发生，我第二天很早起床，比其他团友更早到餐厅吃早餐，好让自己在出发前有足够的时间上洗手间。我觉得"排清"了，感觉上较为稳妥。

那次幸好没有弄脏裤子。否则，真是难堪极了！

担心肠胃不适，生活变得有规律

我的肠胃真是差了很多，特别是近几年，别说到外地旅行，就连平日外出也担心，就像这次知道太太约了朋友远足之后，我立即开始紧张，不停地想："要去多久呢？我会不会在途中拉肚子呢？我所走的路段会不会有洗手间呢？如果中途要上洗手间，那是否会耽搁朋友的时间？要朋友停下来等我上洗手间，又好像不太好……"我有很多焦虑和担忧。为了避免历史重演，今天早晨我特意比太太早一小时起床，好让自己吃完早餐后，有充足的时间多上几次洗手间，清清肚子再出发。就是这样，我被太太骂了一顿。即使如此，我始终觉得有这必要。因为，有苦自己知！

由于自己的身体状况不太好，我上班或外出见客时也会担心肠胃不适。为了避免类似那次在日本的尴尬情况出现，每一天我的生活规律如下：

我起床后先上洗手间，然后洗漱。接着，在家吃过早餐，再上一次洗手间。之后，在家看一看报纸，在出门上班前会再上一次洗手间，因为希望能彻底清理肚里的废物，这样便不怕在外出途中拉肚子了。"排清"了，才外出,那就安全得多。如果哪天早上要见客户,我就要更早起床,力求有足够的时间上洗手间,因为万一见客户时肚子不适就麻烦了。

除此之外,我会尽量在家吃早餐,这样方便我饭后上完洗手间再外出。那午餐如何呢?我会选择去一些有干净洗手间的餐馆或离公司不太远的地方吃,因为如有需要,我可以回公司上洗手间。如果晚上要到较远的地方吃饭,我同样会选择去有干净洗手间的餐馆,并且在用餐完毕后上一次洗手间才离开。到父母家中吃饭也一样,吃完后要上过洗手间才驾车回家,以免驾驶途中肚子不适,如果找不到车位停车,那就不知如何是好了。所以,一定要做好防范,洗手间在我的生活中占了很重要的位置。

这十多年都是这样!渐渐地,无论多喜欢外出旅行,一想到上洗手间的问题,再浓的兴致也被打消了。所以,我已经十多年没有和太太外出旅行了。

工作的转变,问题的开始……

谈了半天,忘了跟大家介绍自己。我姓谭,别人都叫我"老谭",现于一家计算机公司做销售员。没做这份工作之前,我在一家电器用品公司做售货员,工作没有太大压力,只负责向顾客介绍产品、下单和收钱等,上下班的时间很好,收入也稳定。我自中学毕业后,一做就做了十多年。那段日子,我常和太太外出旅行、吃东西,生活很

终日与厕所为伴的丈夫

轻松快乐。但由于工资低,我担心日后的退休生活,于是决定找份收入高的工作,趁自己还有能力时多赚些钱,留作太太和自己日后养老用。在机缘巧合下,有位朋友介绍我到现在的公司工作,不知不觉做了十多年。

我现在的收入确实比以前多了,因为除了底薪外,如果成功销售一件计算机产品也会有奖金。工资高了,工作量和要求也自然增多。我现在大部分时间都要拿着公文包外出见客户,向一些大公司推销新产品。如果哪个月的销售额多,我的收入就增加。相反,如果哪个月的销售额少,不但收入少了,我还要向上司解释原因何在。所以,这份工作有些压力,不像以前那份工作轻松,幸而我尚可应付,因为我手上有些稳定的大客户,每个月的生意额仍能达标。然而,这十年间,我曾看着一些同事因销售额少或因承受不了压力而辞职。

两年前,我晋升为主任,工作上开始感到吃力,因为公司自改制之后经常举办比赛。什么比赛?公司内有多支销售队伍,为了提高销售额和员工士气,公司每个月都会举办"每月之星"比赛,让各队比赛销售额,胜出的队伍会在公司大会上获得奖杯。到年底时,公司更有一个全年大奖颁予胜出次数最多的队伍。坦白说,谁胜谁负,第一或第二,我真是觉得无所谓,对我来说意义也不大,达到公司的基本要求和个人期望便觉足够。然而,即使我野心不大,始终是团队领导,绝不想自己的团队是末尾,因为被人比下去而士气低落。基于此,我最后也无奈地加入"战斗"。于是,我每个月不但要保持自己的销售额,也要兼顾下属的销售成绩,如此一来工作量多不说,压力也大大增加。不知不觉,整个人脾气也暴躁了……同时,我的肠胃问题也越来越严重,常常胃痛、腹泻……回想起来,应该是我换了这份工作之后,身体才开始变差。也许,我真是年纪大了!

做全身体检,肠胃完全没问题

一日,我收到保险公司寄给我的保单。太太看到便关心地说:"老公,既然你买了份保险,为何不找家庭医生做一个全身检查?你已经三年没有做身体检查了,让医生看看你的肠胃也好。"

"对!我今天打电话去诊所约时间。"

做完检查后不久,我到诊所取体检报告。

"谭先生,根据你的体检报告,你一切正常。你的肠胃也没有什么问题……"家庭医生跟我讲解体检报告的结果。

"那为什么我常常腹泻?"

"你身体没有问题,可能跟心理压力有关。你可以找这方面的专家看看。"

"好,谢谢医生。"

离开了诊所,我一边走,一边想:"我真是腹泻啊!这还有假的吗?为什么医生建议我去找心理医生?莫非他也认为我是心理作用?"虽然我有些疑惑,但也根据家庭医生的建议见了一位临床心理学家,看看是否能解决问题。

见临床心理学家,终于真相大白……

"心理医生你好,我经常腹泻……我现在十分怕去一些远的地方,也多年没有外出旅行了,因为怕找不到洗手间……我做了身体检查,全部正常。家庭医生说,

这可能跟压力有关,所以来找你。"我把全部问题告诉了临床心理学家。

"好,那让我了解一下你腹泻的情况、生活背景及生活习惯……"

之后,我们详谈了一会儿……

"谭先生,你之所以感到肠胃不适,确实跟压力有关……"

"原来我的腹泻问题跟生活压力有关!"

临床心理学家说这是"肠易激综合征",我看过一些电视节目介绍这个病症。

回想我换工作之后,工作压力确实比以前大很多。我以前很开朗,但现在担心多了、紧张多了,并且做什么都图快。临床心理学家说,当我承受压力时,体内的激素会混乱,以致肠胃不适,例如胃气多和经常肚胀、腹泻。这是由情绪(心理)引致的身体反应,不是身体机能出了问题。所以,我的腹泻问题不是身体毛病引致,而是心理因素,即压力和情绪所致。我之前还误会了家庭医生和太太,以为他们不信任我。哈,我真是傻瓜!

另外,由于我一直以为我的肠胃问题是体质欠佳所致，再加上那次日本行的尴尬经历，久而久之，令我对外出旅行或远行有种担忧，甚至认为自己的身体状况不适合外出旅行。当我焦虑或紧张时，体内的压力机制被启动，以致身体的激素产生混乱，继而令我出现胃胀、腹泻等情况。当我腹泻的时候，我又以为自己肠胃有问题，于是更担心自己的身体健康。当我更担心的时候，体内的压力机制再次被启动，身体的激素再次混乱，于是胃气更多、肚子更不舒服……恶性循环。最糟糕的是，我以为自己一定要跟洗手间为伴，这令我很焦虑。

明白了问题所在之后，我舒服了很多，而且相信自己可以完全康复。临床心理学家通过心理治疗先帮我处理根源问题，即减压，务求肠胃恢复正常，再处理对外出的焦虑。

在催眠治疗中，我感受到什么是深层的放松，整个人平静和放松了很多。接着，临床心理学家帮助我在思维上做出转变。因为我一直对生活有过多的担忧，遇到任何事情总往负面方向想,接受治疗后,我开始凡事懂得欣赏、知足及感恩,我发现自己变得快乐了。当我懂得以轻松和快乐的心态上班和生活的时候,那不必要的压力也随之减退,身体的压力警报系统自然也不会常常呜呜,令荷尔蒙出现混乱。当体内的激素恢复正常的时候,肠胃的问题也有所改善。

之后,临床心理学家帮助我消化那次尴尬的旅行经历。在治疗的过程中,我看清那次腹泻只是一种特殊的情况。我之前去过很多地方旅行,足迹差不多遍及半个地球,肠胃也没有出现半点问题,因而对自己的身体健康状况有了"肯定"。当我重拾信心后,我开始做些"试验",就是和太太试着参加一些短线旅行。在这个过程中,我发现自己的肠胃其实没有问题。接着,我试着去远一些的地方旅行。渐渐地,我对自己的身体状况有了进一步的肯定,继而没有了昔日那份焦虑,能够再次感受旅行的乐趣。我现在不但可以和太太去旅行,而且,我可以真正跟洗手间"保持距离"了,哈哈!

我就是这样克服了肠易激综合征和对远行的焦虑。

不能享受食物的女士

> 对很多人来说,能吃到自己喜欢的食物是一件快乐的事。但对我来说完全相反。一提起吃,我就焦虑万分……

"梁先生,我代表公司多谢你今日抽时间跟我们见面,一会儿我们可以商讨一下合作事宜。这位是我的同事张小姐,负责销售部门的。"上司向公司的合作伙伴梁先生打招呼并介绍我。

"你好,梁先生。"我也礼貌地跟对方打招呼。

"梁先生,请随便点菜。这里的生蚝很新鲜,鹅肝也是招牌菜……"上司把菜单递给梁先生。

"好吧,那就试一试生蚝和鹅肝,其他菜就由你安排好了,我无所谓,什么都吃。"

"好,那就由我点菜吧。服务员,我们要一盘姜葱炒生蚝、一盘红酒煎鹅肝、一盘……"上司点了好几道菜。

听着上司所点的菜式,我时时有些担心:"他们点的都是一些很黏腻的食物,会不会呛喉咙呢?!如果呛喉咙的话,我怕会不停地咳,那就十分失礼了。那么,吃不吃

呢？如果不吃，又不知如何解释。如果只吃一点，又是否能行得通……"我不停盘算该如何处理，越想越紧张，感到喉咙的肌肉开始有些拉紧，好像连吞口水也有些困难。

不久，侍应生把菜肴端上……

"梁先生，请吧，不用客气。"上司招呼梁先生。

我看见餐桌上的食物，立刻感到喉咙的肌肉好像僵硬起来，于是不停地喝水，希望令自己放松一些，并且避免呛喉咙。

"张小姐，来吧！不用客气。"梁先生见我不停地喝水，没有吃东西，以为我害羞或是客气。

"好的，不客气……大家一起吃吧！"听到梁先生这么说，我只好夹了一小片鹅肝，然后一点儿一点儿地放入口中。我刻意慢慢地吃，一来避免让人察觉到我没吃什么，二来避免边吃边呛喉咙。虽然这样，我还得靠喝水才能把食物吞下。因为那黏黏的食物卡在喉咙里，我感到很不舒服，很想把食物咳出来。所以，整顿饭我都十分紧张、谨慎，小心翼翼地吃。

我也不知为何怕呛喉咙，吃饭很有压力……

如果你问我吃东西时是不是经常呛喉咙？我会答：不是。那我为什么会怕呛喉咙呢？我也不知道。我只知道每次跟别人吃饭，总会有这个担忧。我害怕在吃饭的过程中呛喉咙，因为当呛喉咙的时候，我就会不停地咳，十分痛苦，好像停止不了。假如在公众场所这样就更尴尬了，不知如何处理。我真不想有这样的情况发生。所以，每次吃东西都很紧张，有时越担心，就越感到喉咙的肌肉拉紧，那就更难吞咽。于是，为了避开有呛喉咙的情况发生，我和别人吃饭时通常会吃得简单、量少，而且身边一定要有一杯水。就好像那晚跟上司和梁先生吃饭，我整顿饭只吃了少许东西，且一点儿一点儿地吃。其间，我常喝水，目的是希望令喉咙保持湿润，有助于吞咽。幸好，最后没有发生令我失仪或尴尬的事，也没有令上司丢脸。

除了工作上的应酬饭局让我有这个担忧之外，有时候跟同事或不太熟悉的朋友吃饭也有这个担忧。就以跟同事吃饭为例，我们平日大多数时候自备午饭，但有时候会去餐馆吃，轻松一下。由于我跟他们相处得很好，平日有说有笑，所以不明白自己为何跟他们吃饭会紧张起来，就像昨天的情况……

"好，看看有什么好吃的。"大家兴奋地看菜单。

"我要焗猪排饭。""我要西红柿意大利面。""我要黑松露意大利粉。"大家都选定想吃的东西了。而我仍未决定……

"我要选择易入口、简单和清淡的。"我专注地看菜单选择。

服务员把大家点的饭和意粉陆续端上，大家都雀跃地品尝……

"为什么我的还没送上来？快些来吧！其他人快吃完了……"我很焦急，心里不停地催促着，因为怕自己是最后一个吃完。

事实上，每次跟同事吃饭的时候，我选食物的标准都跟他们不同，他们会以个人口味和喜好为首要考虑因素，而我的标准以易入口和简单为主。为什么？因为同事吃得很快，尤其是男同事，他们可以用十五至二十分钟吃完一顿饭。反之，因为怕呛喉咙，我吃得很慢。也是基于这个原因，我和他们吃饭的时候会感到压力很大。如果要让所有人等我一个，那我会觉得不好意思。而且，当其他人都吃完就剩我一个时，他们自然会把视线或话题集中在我身上。被人看着吃饭的感觉不太好受，这会令原本已紧张的我更加紧张和不自然。

另外，有时食物量太大而我不能吃完时，同事会说："你吃得那么少……"有些男同事更会开玩笑说："你真

是肚饱眼饥,哈哈!"所以,跟他们吃饭的话,我会提醒自己要吃快些、吃多些。然而,我越想吃得多、吃得快就越紧张。在紧张之下,我就会感到喉咙拉紧,很难吞咽,担心会因此呛喉咙。于是,我只好慢下来,当慢下来的时候,又怕他们等我,并且把焦点集中在我身上。总之,我很烦恼!

然而,我现在好了一些,因为为了减轻心理压力,我想了一个办法,除了选一些较清淡和易吞咽的食物,假如点了分量较多的食物时,我会在吃之前分一部分到另一个碟子里,让其他同事吃。这样不但不会浪费食物,我也可以吃得轻松一些、快一些。虽然如此,我仍然紧张,因为怕有时候情况不如我预期的那样,就像昨日,我点的餐来迟了,便比其他人迟一些开始吃。

吃中餐对我来说相对容易一些,例如上茶楼吃点心,我会没有那么紧张,可以很自然地吃。为什么?因为大家分享点心,我想什么时候不吃就不吃,想吃多少就吃多少,没有那些一定要吃完所有食物的压力,心理负担也少了很多。

和亲朋好友吃饭，也有焦虑……

可能大家觉得困扰我的只是小问题，也许因为我害羞，不习惯跟不太熟的人吃饭才会产生焦虑，跟家人和亲朋好友吃饭应该没有问题的。我最初也这样以为，但后来发现有时跟亲朋好友吃饭也会紧张，例如刚过去的新年，亲戚聚会吃团圆饭，理应是一件开心的事，但我也有这份担忧。当日的情况是这样的：

"亚欣,你又瘦了。为什么你这么瘦?你要吃多些东西,胖一些才漂亮。"姑妈一直很疼爱我,所以每次见面都会叮嘱我要多吃点。

"会呀,一定会。"我微笑着响应姑妈。

"你真的瘦了很多,比上一次见你还要瘦,身体有什么不舒服吗?"外婆也关心地问。

"没有啊,外婆。我身体很好,你不用担心。年轻人,想瘦身,哈哈!"我装作轻松,希望令外婆安心。

每次聚会,一众长辈都很关心我的健康,可能因为我是家族中唯一的孙女儿吧,所以很多时候大家都将焦点放在我身上。就像当日,我被安排坐在离他们很远的地方,他们都会这样照顾我……

"亚欣,吃多一些……"舅舅把一大片鱼肉送到我碗里。

"多谢舅舅,我自己来好了。"我立即递上碗,接过舅舅的心意。

"是呀,要多吃一点!"外婆也附和着说。

"多吃些呀……"很多长辈都这样说。

当我吃饱了,放下筷子,他们就……

"亚欣,为什么不吃了呀?吃饱了吗?"

"所以你这么瘦……"他们异口同声地叮嘱我再多吃一点。

我只有坐在表哥或表弟旁边会感觉好一些,因为大家都是年轻人,有共同话题。我们一边吃,一边谈,气氛比较舒服和自然。当我没有那么紧张的时候,便能多吃一点点,大家也不再盯着我。

坦白说，我知道长辈很关心我、疼爱我，有时我也想在聚会时多吃些，令他们开心、少担心我。但是，每次聚会我都感到有些压力，好像刚才说的情况。如果在吃饭期间有什么"意外"，例如我在喝水时不小心呛了喉咙，他们的反应就更夸张，其关心的举动反而令我拘谨、紧张并且有些压力。而当我紧张的时候，喉咙的肌肉就更紧，那我就吃得更少，更怕呛喉咙。见我这样，他们就更会把焦点放在我身上，形成一个恶性循环。所以，为了避开那份"沉重"的关心，我要求自己在他们面前尽量表现出没有任何问题。相同的情况也出现在跟父母吃饭的时候。

跟父母吃饭，也令我不自在……

如果没有特别的事，我很多时候都会回家跟爸妈吃晚饭。爸妈跟身边人一样，从不知道我有这份焦虑。他们只知道我经常吃得很少，并以为我天生骨架小、食量少，对食物要求不高并且不太热衷于吃，不像我的表兄弟是"食肉兽"。话虽如此，爸妈也担心我过瘦影响健康，所以他们一直挂心我是否吃饱。有时，他们会刻意买一些好吃的东西回来，希望刺激我的食欲，让我多吃一点。有一次，他们买了生蚝和白酒回来。我一见生蚝，想到它的质感和粘着喉咙不上不下的感觉就已经很紧张。然而，因为不想扫爸妈的兴，我装作若无其事地吃，但每一口都是慢慢咀嚼，希望能更容易地把它吞下去，却被父母察觉……

"亚欣，你不喜欢吃生蚝吗？"妈妈看见我小口小口地吃，好像没有胃口，于是关心地问。

"不是，这些生蚝很新鲜，我只想慢慢品尝，不要担心我。你们多吃一些吧。"我知道他们想让我吃得开心，我也不想让他们担心所以这么说。最终，我也慢慢地吃了三只生蚝。

老实说，我不想让他们知道我的心理问题，只希望自己能多吃些不致令他们担心我的身体状况。或许因为这样，在不知不觉中回家吃晚饭让我产生了一种无形的压力。有时，我刻意找些话题来聊，一方面希望令自己轻松一些，另一方面希望他们不要盯着我吃饭。这些方法有时行得通，有时没有任何作用。

以上问题已经困扰我很久了，我也不知道原因何在。我曾怀疑自己只对某些食物有焦虑，例如鹅肝、生蚝、生鱼片等。但某年我到日本旅行时，我吃了很多生鱼片和寿司也没有问题。另外，有一次我跟父母到澳大利亚旅行，我吃生蚝也全无困难。我更发现在日常生活中，当我独自吃东西的时候，我是完全没有困难的，我可以十分自在地吃完一碗方便面，可以一边看电视一边吃零食或饼干等。

吃的时候也没有担心口干，也没有卡着喉咙和呛喉咙的情况。这样看来，我的焦虑跟食物是没有什么关系的吧？！唉，我真不知道自己发生了什么事。最怕会影响健康，让关心我的人担心。

终于，在朋友的介绍下我约见了临床心理学家。

见临床心理学家，勾起对校园的回忆……

"张小姐，你好，有什么问题我可以帮助你？"临床心理学家问。

"我吃食物的时候十分紧张，担心呛喉咙……"我详细地把我的困难告诉临床心理学家。

"你回想一下，当你去参加聚餐前，有没有紧张？"临床心理学家把我的焦虑问题逐一解构。

"有，在去的路上已经很紧张。"

"那么你当时正在想什么或者有什么出现在你脑海中？"

"我想着，一会儿会不会呛喉咙呢？他们又是否会留意我吃得少……"

"还有呢？"

"还有……"我按临床心理学家的提问，把自己的情况完全告诉了她。

跟临床心理学家倾谈之后，我记起我的焦虑其实不单单在和别人吃饭的时候出现，还有在上台发言陈述时……

我记得读中学时，每次在一大堆人面前陈述都胆战心惊，十分紧张，除了手抖之外，也会感到口干和喉咙绷紧。我在陈述前会想："我一会儿是否会呛喉咙，然后不停地咳呢？"我十分怕有这样的情况出现。如果真的发生的话，我会不知所措。数十双眼睛望着我，想停止咳嗽又不能,真是很尴尬。为了避免这种情况出现,我一定会放一杯水在身边。万一呛喉咙,我就可以喝水舒缓喉咙的肌肉。所以,水对我来说十分重要。没有水,我不敢上台陈述。但是,上大学后,这种情况改善了,可能因为经常上台陈述吧,差不多每科都要做上台陈述,且各个同学都要陈述,大家根本不会在意别人讲得好不好,只顾完成自己的部分。渐渐地,我习惯了陈述,所以再没有那么紧张。但有时遇到一些重要的公开陈述,例如毕业论文,我就会感到紧张和口干。

还记起一段很重要的往事……

"我想知道一些你的童年生活……"临床心理学家问。

"好。我自小是个很乖巧的学生,准时上学、专心上课,学业成绩也很好。老师和同学也很爱护我。小学六年,我都是班长。我还参加过很多活动……"跟随着临床心理学家的提问,我把儿时的情况告诉了她。

很有趣,在这次的交谈中,我忆起一些儿时往事,让我对自己的焦虑有了更多了解。我记起小学的一次经历……

我当年是小学六年级的学生,被老师选中代表学校参加全港小学生朗诵比赛。我一直都参加校内和区内的朗诵比赛,成绩也不错,每次不是拿第一就是拿第二。而那次对我来说是一次大型比赛,我在比赛前已把那篇诗歌背得滚瓜烂熟,而且也曾在老师面前彩排、预演,可以说准备十分充足,理应没有什么问题。但在比赛时,正当我很投入地朗诵那首诗时，突然被自己的口水呛到，继而在台上咳了很久，老师把我带到后台，喝点水才慢慢缓和过来。最后，我没能完成比赛，我当时很不开心，因为这件事不但让我觉得很尴尬，而且让校长和老师很失望。

唉，我就是经常怕自己做得不好，让人失望。回想起来，那次经历确实让我对表演开始有些胆怯，于是往后每次表演时我的注意力会很自然地集中在喉咙上，因为怕再有那样的情况发生……我现在明白了为何我怕上台陈述。不只这样，自此之后，我确实对喉咙异常敏感，怕呛喉咙、怕不停地咳嗽，特别是在一些重要的场合里，好像"咳"会把原本安排得好好的事情破坏掉，让大家失望，所以每次陈述或跟别人吃饭我都会很紧张。

其实我差点忘了这件事，因为当时校长和老师没有责备我，反而鼓励我。我也以为此事不会对我有太大影响，谁知会影响到我现在的生活。噢，我现在终于知道了原因。临床心理学家说得没错，我对自己的要求自小已形成。

自小事事要求高，经常怕让人失望

正如我之前所说，我是一个很乖的学生，每天放学回家都自觉做功课和温习，从不需父母操心。父母很疼爱我，我也很喜欢跟他们相处。看见他们开心，我也感到开心。我有这样的性格或想法，可能因为小时候见到爸妈劳碌和努力工作吧。所以，我希望做好自己，不想为他们增添烦恼。自然地，每件事情我都会尽力去做，我处事认真和有责任心的性格，可能是自小培养出来的，我不想让父母和老师失望，渐渐地习惯在人前把自己最好的一面表现出来，而把不好的尽量藏起来。这也让我对自己的要求越来越高，承受的压力也越来越大，整个人不知不觉拉得很紧，不懂放松。说到底，由于很想掌控所有事情，我便害怕不受控制的事情发生。

我的性格，加上儿时那次朗诵表演的惨痛经历，正是我饮食恐惧症的成因。明白原因后，我终于松了一口气！

得知病因,对症下药

接着,我便要处理问题。临床心理学家先通过催眠治疗帮助我处理进食时的焦虑,让我在跟人相处和聚餐时可以保持平静和轻松的心境。这样,我的焦虑症状,如紧张或肌肉拉紧等便可减退,我就可以慢慢地吃,享受美食。

除了处理我焦虑的症状外,临床心理学家还帮我开阔思维模式,让我改变一些自我价值观和世界观,明白并接受世界是不完美的,而且有很多事情的发生是我们不能完全控制的。放下包袱,从一直盲目地去追求表现得最好,到懂得去欣赏自己和每一样事物,我整个人也轻松了很多。

她还教我懂得正确的生活态度,就是"活在当下",不要花宝贵的时间去担忧自己能否做得好、何时会失去亲人,而是要学会享受每一天所做的事情、享受与亲朋好友相处的时间、珍惜每一天的收获……

当然，在治疗的过程中，她也帮助我消化了儿时那次朗诵经历，让我重拾自信，敢于表达自己，不再要求自己事事完美。

我现在很享受食物，并且已成功增肥，可能要考虑减肥了，哈哈！

我就是这样克服了对饮食的恐惧。

后记：我的焦虑

听了大家的分享后，我也想在此跟大家分享一个我的经历。

记得某一年，我买了机票准备外出旅游。在出发前的一两个月，我和家人收到四个坏消息，就是我们的亲友中有四位长辈先后在两个月内离世。虽然我跟他们不是常常见面，可能一年才见一至两次，但是我们的亲戚不算多，并且常听到父母谈及他们的情况，所以当在短时间内听到四位离世，我感到很突然，并且有点难以接受（当然，理性上是明白的），心里着实有一份惘然。

奈何，机票早已订好，不能改期，且考虑到家人会代表我出席葬礼，所以我决定在原定时间出游。当日出发的时候，心情不像预期得那样轻松，而且感到有些紧张。我登上飞机后,不知为何心里有份莫名的焦虑和恐慌。我坐在座位上等待飞机起飞的时候,脑海里浮现出了一些想法:"会不会有意外发生?""飞机能否安全降落?""飞机飞到半空,如果遇到意外会如何?"我对自己有这些想法感到有些莫名其妙,因为我一直以来都很享受搭飞机去旅行。在数个小时的航程中,我都不能放松,好像在担忧一些事,但又不知在担忧些什么。直到飞机安全着陆的那一刻,我竟然有股冲动想拍手欢呼。当然,我没有这样做,但那一刻,心里确实是十分珍惜那份"安全"。

我从未在搭飞机时有过那种不安的感觉,对于自己的情绪反应也有点摸不着头脑。我事后反复思量,终于明白了个中原因。

我本以为四位亲友的离世对我没有太大影响,但是想不到这件事会为我带来一份不安的感觉。为何会让我产生不安?因为四位亲友的死讯来得太突然,我没有足够的时间消化那些消息便出发去旅行。于是,情绪上仍然停留在"感到突然和未能接受"的阶段。当那些情绪仍未消化的时候,心情就难以放松。

另外,因为我跟四位长辈见面的时间不多,所以不清楚他们由发病到死亡的过程。于是,我心里常浮现出一些想法,"这样就不在人世了"。"那么快……""去年还见到他……""人生无常",对他们的死亡仍未能完全理解。这些情感上的"不明白""不能理解"让我对死亡和人生产生了一些疑问,感觉好像很多事情的发生是解释不通和不合常理的。"解不通""不合常理"往往代表着不能预计和控制,这些想法令我感到不安。所以,那一刻当我要面对一些不受我掌控的事情,如搭飞机,当飞机飞上半空,发生什么事我不能走也不能逃,就会感到很危险,跟着产生不安的感觉。

不明白、不理解 → 不安

疑团解开，明白自己为何会惊慌和不安的时候，内心安定了很多，接着再处理就不难了。由于不安是来自思想，于是我改变自己的想法，接受人生确实有很多事情不受自己控制，也有很多事情是可以由自己控制的。既然是这样，何不把握宝贵的时间"活在当下"，珍惜跟家人和朋友相处的时间，珍惜自己已拥有的一切……想通了，就不惊慌了。回程的时候，我已没有之前的不安和焦虑了。

坦白说，我没有担心处理不了自己的焦虑，因为这始终是过渡期的反应。反而，这件事对我最深刻的影响，是我体会到了一个焦虑症病人的感受，并且亲身体验到如何处理焦虑。这个经历很可贵！

"明白"和"理解"个人焦虑的成因是处理焦虑症的第一步，也是重要的一步；而越明白，越了解，越能有效地处理焦虑症。人生路漫漫，每一个人都会遇到焦虑，这不是什么奇怪的事情。当你感到焦虑的时候，要冷静分析和寻找焦虑的源头，了解清楚，那就不难处理了。这也是我写这本书的原意。

在此，我希望大家在阅读这本小书后，能消除一直以来对焦虑症的误解，并懂得选取恰当的方法处理。